网络管理员考证指导教程

蓝金丽◎主编

中国铁道出版社有限公司
CHINA RAILWAY PUBLISHING HOUSE CO., LTD.

内 容 简 介

本书从计算机网络基本原理入手，着重介绍了计算机网络基础、数据通信基础、局域网基础、网络硬件及网络规划设计、网络管理与网络安全、Windows 2000 Server 的安装和基本管理、目录服务和用户账户、DNS 服务器的配置与管理、Windows 2000 服务器资源以及Windows 2000 网络服务功能等。

本书层次清晰、内容丰富，注重理论与实践相结合，适合作为高等学校计算机网络技术及相关专业计算机网络基础课程的教材，也可作为网络管理员（中级）考试的指导用书，以及各类网络技术人员的培训和自学教材。

图书在版编目（CIP）数据

网络管理员考证指导教程 / 蓝金丽主编. —北京：
中国铁道出版社，2019.1（2023.2重印）
ISBN 978-7-113-25353-0

Ⅰ.①网…　Ⅱ.①蓝…　Ⅲ.①计算机网络-资格
考试-自学参考资料　Ⅳ.①TP393.07

中国版本图书馆 CIP 数据核字（2019）第 027110 号

书　　名：**网络管理员考证指导教程**
作　　者：蓝金丽

策　　划：唐　旭　　　　　　　　　　编辑部电话：(010) 63549508
责任编辑：陆慧萍　贾淑媛
封面设计：刘　颖
责任校对：张玉华
责任印制：樊启鹏

出版发行：中国铁道出版社有限公司　（100054，北京市西城区右安门西街8号）
网　　址：http://www.tdpress.com/51eds/
印　　刷：北京九州迅驰传媒文化有限公司
版　　次：2019年1月第1版　　2023年2月第4次印刷
开　　本：787 mm×1 092 mm　1/16　印张：13.25　字数：320 千
书　　号：ISBN 978-7-113-25353-0
定　　价：40.00 元

前　言

PREFACE

　　计算机网络是当今计算机科学技术最热门的分支之一。随着计算机网络技术的快速发展、网络应用的不断深入、网络规模的扩大，社会对相应岗位的应用技能型人才产生大量需求，随之而来的，对网络管理人员的要求也就越来越高。

　　本书从计算机网络基本原理入手，着重介绍了计算机网络基础、数据通信基础、局域网基础、网络硬件及网络规划设计、网络管理与网络安全、Windows 2000 Server 的安装和基本管理、目录服务和用户账户、DNS 服务器的配置与管理、Windows 2000 服务器资源以及 Windows 2000 网络服务功能等。

　　本书叙述浅显易懂，每章配有习题，主要是有关全国计算机信息高新技术考试的局域网管理模块的试题，以填空题、选择题、操作题等形式给出，便于读者学习与提高，以使其全面掌握局域网基本知识和 Windows 2000 Server 管理配置及相关服务的基本方法，全面提升网络安全管理水平，迅速成长为合格的网络管理员。附录 A 中提供了习题参考答案。为了便于读者学习，本书配备了相应的电子课件和教学教案等，网络下载地址为 www.tdpress.com/51eds。

　　本书层次清晰、内容丰富，注重理论与实践相结合，力求反映计算机网络技术的最新发展，适合作为高等学校计算机网络技术及相关专业的计算机网络基础课程的教材，也可作为网络管理员（中级）考试的指导用书，以及各类网络技术人员的培训和自学教材。

　　本书由蓝金丽任主编，并负责统稿。书中参考了许多相关资料和文献，在此表示感谢。由于编者水平有限，书中难免有疏漏与不妥之处，敬请各位读者批评指正。

编　者

2018 年 10 月

目　录

CONTENTS

3

目录

网络管理员考证指导教程

第1章

计算机网络基础

计算机网络是计算机技术和通信技术紧密结合的产物，它涉及通信与计算机两个领域。它的诞生使计算机体系结构发生了巨大变化，在当今社会中起着非常重要的作用，对人类社会的进步做出了巨大贡献。目前，计算机网络已成为人们社会生活中不可缺少的重要组成部分，计算机网络技术的应用已经遍布各个领域。

1.1 计算机网络

网络的基本特征是：互联、开放和共享。

计算机网络，就是把分布在不同地理区域的计算机以及专门的外围设备利用通信线路互联成一个规模大、功能强的网络系统，使众多的计算机方便地互相传递信息、共享信息资源。

理解这个概念，要清楚以下几点：

① 网络上各计算机在地理上是分散的，各台计算机具有独立功能。

② 计算机之间通过通信设备和通信线路相互连接，按照网络协议互相通信。

③ 网络连接以实现数据通信和共享网络资源为目的。

1.1.1 计算机网络的产生

计算机网络起始于 20 世纪 60 年代，当时的网络主要是基于主机架构的低速串行连接，提供应用程序执行、远程打印和数据服务功能。IBM 公司的 SNA 架构与非 IBM 公司的 X.25 公用数据网络是这种网络的典型例子。1969 年，由美国国防部资助，计算机技术和通信技术相结合，建立了一个名为 ARPANET 的基于分组交换的网络。

20 世纪 70 年代，出现了以个人计算机为主的商业计算模式。最初，个人计算机是独立的设备，由于商业计算的日益复杂，要求大量终端设备协同操作，产生了局域网（LAN）。局域网的出现，大大降低了商业用户配备打印机和磁盘的昂贵费用。

近 30 多年来，对远程计算的需求不断增加，使计算机界开发出多种广域网络协议，满足计算机远程连接的需求，互联网快速发展起来，TCP/IP 协议得到了广泛应用，成为互联网的事实协议。

1.1.2 计算机网络的发展

计算机网络的发展过程是从简单到复杂、从单机到多机、由终端与计算机之间的通信到计算机与计算机之间的直接通信的过程。它的发展经历了四个阶段：联机系统阶段、互联网络阶段、标准化网络阶段、网络互联与高速网络阶段。

1．联机系统阶段

计算机网络起始阶段的基本结构是：一台中央主计算机连接大量的、在物理位置上处于分散的终端设备，构成系统，系统中除主计算机具有独立的处理数据的功能外，所连接的终端设备均无独立处理数据的功能。这一阶段的计算机网络系统实质上就是联机多用户系统，是面向终端的计算机通信。

2．互联网络阶段

随着计算机应用的发展，出现了多台计算机互联的需求，计算机网络由利用一台中心计算机为所有用户服务的模式发展到由多台分散又互联的计算机共同提供服务的模式。

1969 年在美国建成的分组交换网 ARPANET 是这一阶段的代表。ARPANET 首先实现了以资源共享为目的的不同计算机互联，它奠定了计算机网络技术的基础，成为今天 Internet 的前身。从此，计算机网络的发展就进入了一个崭新时代。

3．标准化网络阶段

计算机网络系统是非常复杂的系统，计算机之间相互通信涉及许多复杂的技术问题，为了使不同体系结构的计算机网络都能互联，实现计算机网络通信、网络资源共享，国际标准化组织（International Standards Organization，ISO）在 1984 年正式颁布了一种能使各种计算机在世界范围内互联成网的标准框架——开放系统互连参考模型（OSI）。

OSI 参考模型的提出引导着计算机网络走向开放的、标准化的道路，同时也标志着计算机网络的发展进入了成熟阶段。

4．网络互联与高速网络阶段

进入 20 世纪 90 年代，计算机技术、通信技术以及建立在互联计算机网络技术基础上的计算机网络技术得到了迅猛的发展。特别是 1993 年美国宣布建立国家信息基础设施（National Information Infrastructure，NII）后，全世界许多国家纷纷制订和建立本国的 NII，从而极大地推动了计算机网络技术的发展，使计算机网络进入了一个崭新的阶段，这就是计算机网络互联与高速网络阶段。

随着高速网络技术的发展、综合业务数字网的实现、多媒体和智能型网络的兴起，计算机网络向互联、高速、智能化和全球化发展，并且迅速得到普及，实现了全球化的广泛应用。

1.1.3　计算机网络的特征及主要功能

计算机网络是通过通信媒体，把各个独立的计算机互相连接所建立起来的系统。它实现了计算机之间的数据通信和资源共享。

各种网络系统的具体用途、系统连接结构、数据传送方式各不相同，但各种网络系统都具有一些共同的特点。

1．计算机网络的特征

① 计算机之间的数据交换。网络系统中各相联的计算机能相互传送数据信息，使相距很远的人们能直接交换数据。

② 各计算机的相对独立性。网络系统中各相联计算机是相对独立的，它们各自既相互联系又相互独立。

③ 建网见效快。建立一个网络系统只需把各计算机与通信媒体连接好，安装、调试好

相应的网络软硬件即可。

④ 效益高、成本低。计算机网络使只拥有微机的用户能获得大型机的功能。这一点充分体现了网络系统的优势。

⑤ 用户使用简单。对用户而言，掌握网络使用技术比掌握大型机使用技术简单，实用性非常强。

⑥ 易于分布处理。由于网络是将多台计算机连成具有高性能的计算机系统，所以，网络具有将较大型的综合性问题通过一定算法把任务交给不同的计算机完成，以解决大量复杂问题的能力，易于分布处理。

⑦ 系统灵活性、适应性强。在计算机网络系统中能很灵活地接入新的计算机以扩充系统，计算机网络的灵活性使其表现出对不同的用户、不同的任务具有很强的适应性。

2．计算机网络的主要功能

一般来说，计算机网络可以提供以下一些主要功能：

① 资源共享。

② 信息传输与集中处理。

③ 均衡负荷与分布处理。

④ 综合信息服务。

通过计算机网络可以向全社会提供各种经济信息、科研情报和咨询服务。其中，因特网（Internet）上的环球信息网（World Wide Web，WWW）服务就是一个最典型、最成功的例子。综合业务数字网络（ISDN）是将电话、传真机、电视机和复印机等办公设备纳入计算机网络中，提供了数字、语音、图形图像等多种信息的传输。

1.1.4 计算机网络的分类

网络分类的方法很多。从不同的角度观察网络系统、划分网络，有利于全面地了解网络系统的特性。通常最流行的分类方法是按网络规模或作用范围分类，可将计算机网络分为局域网（LAN）、广域网（WAN）、城域网（MAN）。

1．按网络的作用范围划分

① 局域网（LAN）。局域网的作用范围通常为几米到几千米。局域网一般是指规模相对较小、计算机硬件设备不多、通信线路不长、距离一般不超过几十千米、采用单一的传输介质、通常安装在一幢建筑物或一个园区内的网络。

② 广域网（WAN）。广域网的作用范围通常为几十千米到几千千米。广域网，顾名思义，就是非常大的网络，可以将多个局域网或城域网连接起来，也可以把世界各地的局域网全部连接在一起。

③ 城域网（MAN）。城域网的作用范围在 WAN 与 LAN 之间，其运行方式与 LAN 相似，一般使用得不太多，大小通常是覆盖一个地区或城市，地域范围可从几十千米到上百千米，也常称为区域网或都市网。

2．按通信媒体划分

① 有线网。采用同轴电缆、双绞线、光纤等物理媒体来传输数据的网络。

② 无线网。采用微波等形式来传输数据的网络。

3．按通信传播方式划分

① 点对点传播方式。点对点传播方式是以点对点的连接方式，把各个计算机连接起来。这种传播方式的网络主要用于广域网中。

② 广播式传播方式。广播式传播方式是用一个共同的传播媒体把各台计算机连接起来的，主要有：在 LAN 上以同轴电缆连接起来的总线网、星状网和树状网，在 WAN 上以微波、卫星方式传播的网络。

4．按通信速率划分

① 低速网。通常是借助调制解调器利用电话网来实现的。

② 中速网。主要是传统的数字式公用数据网。

③ 高速网。主要用于网际网的主干网中。

5．按数据交换方式划分

① 直接交换网。直接交换网又称电路交换网。直接交换网进行数据通信交换时，首先申请通信的物理通路，物理通路建立后，通信双方开始传输数据。在传输数据的整个时间内，通信双方始终独占所占用的信道。

② 存储转发交换网。存储转发交换网进行数据通信交换时，在交换装置控制下，将数据存入缓冲器中暂存，并对存储的数据进行一些必要的处理，当指定的输出线空闲时，将数据发送出去。

③ 混合交换网。在一个数据网中同时采用存储转发交换和电路交换两种方式进行数据交换的网络。

6．按通信性能划分

① 资源共享计算机网。网络系统中，计算机的资源可以被其他系统共享。

② 分布式计算机网。计算机进程可以相互协调工作和进行信息交换，以共同完成一个大的、复杂的任务。

③ 远程通信网。这类网络主要起数据传输的作用，它的主要目的是使用户能使用远程主机。

7．按使用范围划分

① 公用网。公用网对所有的人提供服务，只要符合网络拥有者的要求就可以使用这个网，它是为全社会所有的人提供服务的网络，如我国的电信网、联通网等。

② 专用网。专用网为一个或几个部门所拥有，它只为拥有者提供服务，如由学校组建的校园网、由企业组建的企业网等。

1.2　计算机网络的组成及服务

计算机网络是一个非常复杂的系统，从计算机网络的逻辑结构来看，计算机网络由资源子网和通信子网组成；从计算机网络系统来看，由计算机软件、硬件和通信设备组合而成。

1.2.1　计算机网络的组成

1．典型的计算机网络的组成

典型的计算机网络由计算机系统、数据通信系统、网络软件及协议三大部分组成。

① 计算机系统：网络的基本模块，为网络内的其他计算机提供共享资源。

② 数据通信系统：连接网络基本模块的桥梁，它提供各种连接技术和信息交换技术。

③ 网络软件及协议：网络的组织者和管理者，在网络协议的支持下，为网络用户提供各种服务。

2．基本计算机网络的组成

① 连接介质：连接两台或以上的计算机需要传输介质。传输介质可以是有线的或无线的。

② 通信协议：计算机之间要交换数据和信息，就需要网络协议来实现通信。

③ 网络连接设备：异地的计算机系统要实现数据通信、资源共享，还必须有各种网络连接设备，如中继器、网桥、路由器、集线器和交换机等。

④ 网络管理软件：包括通信管理软件、网络应用软件、网络操作系统等。

⑤ 网络管理员：一个计算机网络需要有网络管理员对网络进行监视、维护和管理，保证网络能够正常有效的运行。

1.2.2 计算机网络的服务

计算机网络在拥有丰富资源的同时，也提供了各种各样的服务方式。

1．文件服务

文件服务包括对数据文件的有效存储、提取、传输及管理，能使用户迅速地把文件从一个地方向另一个地方传输，能有效地利用存储设备对文件进行管理，如对数据、文件进行备份。

文件服务的最基本特征就是文件共享，因此在网络中多个用户同时对同一资源的竞争就成为现实问题。

2．报文服务

报文服务（Message Service）包括对正文、二进制数据、图像数据和数字化声像数据的存储、访问和发送。

3．集中式与分布式网络服务

使用基于服务器的网络操作系统，可以将网络服务集中放在一台计算机（服务器）或一组计算机（服务器）上，而利用分布式网络操作系统，可以将服务分布在网络中所有可利用的对等计算机上。

对网络服务式的决策主要从 3 个方面考虑：资源控制、专用服务器、网络操作系统。

4．打印服务

打印服务是网络上非常重要的应用，用来管理和控制打印终端设备。

5．数据库服务

网络数据库服务基于网络数据库服务器。网络数据库服务器是一类特殊的应用服务器，对网络上的数据、信息进行存储和提取操作，允许客户机控制数据的处理和表示，这就是所谓的客户机/服务器数据库系统。

6．应用服务

应用服务是一种替网络客户运行软件、处理数据的服务。

1.3 网络体系结构与 ISO/OSI 开放系统互连参考模型

1.3.1 网络体系结构的基本概念

计算机网络是以资源共享、信息交换为根本目的，通过传输介质将物理上广为分散的独立实体（如计算机系统、智能终端、外围设备、网络通信等）互联而成的网络系统，是一个十分复杂的系统。将一个复杂系统分解为若干个容易处理的子系统，然后"分而治之"，这种结构化设计方法是工程设计中常见的手段。分层就是系统分解的最好方法之一。

计算机网络系统中直接将分层研究方法称为体系结构设计方法，把用这种方法定义的计算机网络层次、网络拓扑结构、各层的功能划分、网络系统的通信协议及每层的接口与服务称为计算机网络体系结构。

1.3.2 OSI/RM 七层网络模型原理

20 世纪 70 年代出现了许多网络体系结构，如 IBM 的 SNA、DEC 的 DNA、Univac 的 DDA 等。为了打破不同计算机厂商不同的网络体系结构的封闭性，真正解决网络间的互联互通问题，国际标准化组织（ISO）提出了一个试图使各种计算机在世界范围内互连成网的标准框架，即著名的开放系统互连参考模型（Open System Interconnection/Reference Model，OSI/RM），简称 OSI。

各生产厂商可根据 OSI 参考模型的标准设计自己的产品。

1. OSI 参考模型

OSI 参考模型依层次结构来划分：第 1 层，物理层（Physical layer）；第 2 层，数据链路层（Data Link Layer）；第 3 层，网络层（Network Layer）；第 4 层，传输层（Transport Layer）；第 5 层，会话层（Session Layer）；第 6 层，表示层（Presentation Layer）；第 7 层，应用层（Application Layer）。

通常，我们把 OSI 参考模型第 1 层到第 3 层称为底层（Lower Layer），又叫介质层（Media Layer）。这些层负责数据在网络中的传送，网络互连设备往往位于下三层。底层通常以硬件和软件相结合的方式来实现。OSI 参考模型的第 5 层到第 7 层称为高层（Upper Layer），又叫主机层（Host Layer）。高层用于保障数据的正确传输，通常以软件方式来实现。OSI 参考模型如图 1-1 所示。

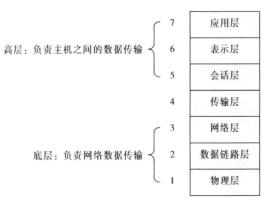

图 1-1　OSI 参考模型

OSI 参考模型具有以下优点：

① 简化了相关的网络操作。

② 提供即插即用的兼容性和不同厂商之间的标准接口。

③ 使各个厂商能够设计出互操作的网络设备，加快数据通信网络发展。

④ 防止一个区域网络的变化影响另一个区域的网络，因此，每一个区域的网络都能单独快速升级。

⑤ 把复杂的网络问题分解为小的简单问题，易于学习和操作。

2．OSI 各层功能简介

（1）物理层

物理层是整个 OSI 参考模型的最底层，它的主要功能是为用户提供网络的物理连接，利用物理传输媒体完成相邻结点之间原始比特流的透明传输。当物理连接不再需要时，物理层立即拆除。物理层传输物理服务数据单元，既可以采取同步传输方式，也可以采取异步传输方式。

物理层的设计主要涉及物理层接口的机械特性、电气特性、功能特性和规程特性。

物理层的主要设备：中继器、集线器。

（2）数据链路层

数据链路层是 OSI 参考模型的第 2 层，它的主要功能是：实现无差错的传输服务，包括建立、维持和拆除数据链路；将信息按一定格式组装成帧；差错控制功能和简单的流量控制功能。数据链路层在物理线路上提供可靠的数据传输。

数据链路层主要设备：二层交换机、网桥。

（3）网络层

网络层是 OSI 参考模型的第 3 层，它解决的是网络与网络之间，即网际的通信问题。网络层的主要功能是提供路由选择、地址转换、流量控制和拥塞控制等功能。网络层是一个复杂的层，它为处在两个不同地理位置上的网络系统中的终端设备之间提供链接和路径选择。

网络层主要设备：路由器。

（4）传输层

传输层是 OSI 参考模型的第 4 层，它的主要功能是完成网络中不同主机上的用户进程之间可靠的数据传输，并为会话层提供服务。传输层把数据分段并组装成数据流。传输层为数据的传输提供服务，对上层屏蔽传输层执行的细节。

传输层连接是真正的端到端通信，是整个协议层次结构中最核心的一层。此外，传输层还要提供差错处理、流量控制、多路复用、分流等功能。

传送信息的基本单位：报文。

典型协议：TCP 协议、UDP 协议和 ISO 8072/8073 等。

（5）会话层

会话层又称对话层，是 OSI 参考模型的第 5 层，其功能是提供一种有效的方法，以组织并协商不同计算机上的两个应用程序之间的会话，并管理它们之间的数据交换。就像它的名字一样，会话层建立、管理和终止应用程序之间的会话。会话层为表示层提供服务。

（6）表示层

表示层是 OSI 参考模型的第 6 层，它主要解决用户信息的语法表示问题，包括数据的编码和解码、加密和解密、压缩和恢复以及协议转换等。表示层就是由一个端点用户所产生的报文要在另一个端点用户上表示的形式，保证一个系统应用层发出的信息被另一个系统的应用层读出。

（7）应用层

应用层是 OSI 参考模型的最高层，它是直接面向用户以满足用户不同需求的，是利用网络资源，唯一向应用程序直接提供服务的层。应用层是 OSI 模型中最靠近用户的一层，它为用户的应用程序提供网络服务。

1.4　网络协议、TCP/IP 协议

相较于 OSI 参考模型严格的功能层次划分，TCP/IP 协议更侧重于互连设备间的数据传送，TCP/IP 协议目前已成为 Internet 的主流，局域网、城域网几乎都采用兼容性强的 TCP/IP 协议。

1.4.1　网络协议

网络协议是计算机网络中进行数据交换而建立的规则、标准或约定的集合。网络中为了能进行通信，规定每个终端都要将各自字符集中的字符先变换为标准字符集的字符后，才进入网络传送，到达目的终端之后，再变换为该终端字符集的字符。对于不相容终端，除了需变换字符集字符外，还需转换其他特性，如显示格式、行长、行数、屏幕滚动方式等也需作相应的变换。

网络协议主要由以下三个要素组成：

① 语法，即数据与控制信息的结构或格式。

② 语义，即需要发出何种控制信息、完成何种动作及做出何种应答。

③ 同步，即时间实现顺序的详细说明。

1.4.2　TCP/IP 协议结构

与 OSI 参考模型一样，TCP（Transfer Control Protocol）/IP（Internet Protocol）协议（传输控制协议/网际协议）也分为不同的层次，每一层负责不同的通信功能。TCP/IP 协议简化了层次设计，只有 4 层：应用层、传输层、网际层和网络接口层。从图 1-2 可以看出，TCP/IP 协议应用层包含了 OSI 参考模型所有高层协议。

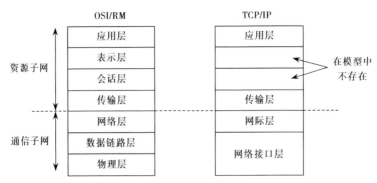

图 1-2　TCP/IP 协议和 OSI 参考模型

1. TCP/IP 模型

（1）应用层

应用层向用户提供一组常用的应用程序，如电子邮件等。应用层提供用于文件传输、网络故障诊断、远程控制和 Internet 活动的各种应用程序；负责处理特定的应用程序细节；显示接收到的信息，把用户的数据发送到低层，为应用软件提供网络接口。

应用层包含 TCP/IP 协议集的所有高层协议：

① DNS：Domain Name System，域名系统。

② SMTP：Simple Mail Transfer Protocol，简单邮件传输协议。

③ NFS：Network File System，网络文件系统。

④ FTP：File Transfer Protocol，文件传输协议。

⑤ TFTP：Trivial File Transfer Protocol，简单文件传输协议。

⑥ POP3：Post Office Protocol 3，邮件传输协议。

⑦ SNMP：Simple Network Management Protocol，简单网络管理协议。

⑧ Telnet：远程终端协议。

⑨ RIP：Router Information Protocol，路由信息协议。

（2）传输层

传输层（TCP 层）提供可靠的端到端的数据传输，确保源主机传送数据报能够正确到达目标主机。传输层的基本功能是为两台主机间的应用程序提供端到端的通信。传输层从应用层接收数据，并且在必要的时候把它分成较小的单元，传递给网际层，并确保到达对方的各段信息正确无误。

传输层的主要协议有 TCP（Transfer Control Protocol，传输控制协议）、UDP（User Datagram Protocol，用户数据报协议）。

① TCP 协议将应用层的字节流分成多个字节段，然后传送到网际层，发送到目的主机，当网际层将接收到的字节段传送给传输层时，传输层再将多个字节段还原成字节流传送到应用层。TCP 协议同时要完成流量控制功能，协调收发双方的发送与接收速度，达到正确传输的目的。

② UDP 协议是一种不可靠的无连接协议，它主要用于不要求分组顺序到达的传输中，分组传输顺序的检查与排序由应用层完成。

（3）网际层

网际层的功能是使主机可以把 IP 数据报发往任何网络并使数据报独立传向目标（可能经由不同的网络）。

网际层检查网络拓扑，以决定传输报文的最佳路由，执行数据转发。其关键问题是确定数据包从源端到目的端如何选择路由。

网际层的主要协议有 IP、ICMP（Internet Control Message Protocol，因特网控制消息协议）、IGMP（Internet Group Management Protocol，因特网组管理协议）、ARP（Address Resolution Protocol，地址解析协议）和 RARP（Reverse Address Resolution Protocol，反向地址解析协议）等。

（4）网络接口层

网络接口层负责通过物理网络发送 IP 数据报，或接收发自物理+数据链路层的帧且将其转换为 IP 数据报，交给网际层。

网络接口层涉及在通信信道上传输的原始比特流，它实现传输数据所需要的机械、电气、功能性及过程等手段，提供检错、纠错、同步等措施，使之对网际层显现一条无错线路，并且进行流量调控。

TCP/IP 协议没有具体给出网络接口层的协议描述，不过底层的协议有各种局域网（LAN）、广域网（WAN）、无线网络标准等。

2. IP 协议

IP 协议是网际层的主要协议。它的主要功能有：无连接数据报传送、数据报路由选择和差错住。IP 将报文传送到目的主机后，不管传送正确与否都不进行检验，不进行确认也不保证分组的正确顺序，这些功能都由 TCP 完成。IP 支持最长数据报为 65 535 B。

3. ICMP 协议

ICMP（Internet Control Message Protocol，因特网控制消息协议）提供一组易懂的出错报告信息。发送的出错报文或控制报文返回到发送原数据的设备，发送设备随后可根据 ICMP 报文确定发生错误的类型，确定如何才能更好地重发失败的数据报。

在 IPv4 协议中最常用的 ICMP 消息类型有以下几种：

① 回响请求和应答：这是 Ping 程序发送的信息。

② 目的地不可到达。

③ 重定位。

④ 超时。

⑤ 路由器通告。

⑥ 路由器请求。

4. IGMP 协议

IGMP（Internet Group Management Protocol，因特网组管理协议）是因特网协议家族中的一个组播协议，用于 IP 主机向任一个直接相邻的路由器报告其组成员情况。

5. ARP 协议与 RARP 协议

ARP 协议是网络接口层协议，其功能是将 IP 地址转换成 MAC 物理地址，RARP 协议的功能则是将 MAC 物理地址转换为 IP 地址。

6. UDP 协议

UDP 协议是传输层的一个重要协议，它提供的是无连接、不可靠、无流量控制、不排序的服务，它比 TCP 简单得多，可以简单地与 IP 或其他协议连接，充当数据报的发送者和接收者。

对于那些数据可靠性要求不高的数据传输，可以使用 UDP 来完成，如 NFS、SNMP、DNS、TFTP 等。

7. TCP 协议

TCP 协议也是传输层中的协议，它使用广泛、功能更强，与 UDP 相比有很大的区别。它提供面向连接的、可靠的服务。

TCP 提供的服务包括：数据流传送、可靠高效的全双工传输、有效流量控制、多路复用技术等。

为了确保连接建立和终止的可靠性，TCP 使用三次握手法（见图 1-3）。所谓三次握手法就是在连接建立和终止过程中通信的双方需要交换 3 个报文，使用转发确认号对字节排序。

① 第一次握手：建立连接。主机 A 发送连接请求报文段，将 SYN 位置为 1，起始序列

号 Sequence Number 为 x；然后，主机 A 进入 SYN_SENT 状态，等待主机 B 的确认。

② 第二次握手：主机 B 收到 SYN 报文段。主机 B 收到主机 A 的 SYN 报文段，需要对这个 SYN 报文段进行确认，设置确认号 ACK Number 为 x+1；同时，自己还要发送 SYN 请求信息，将 SYN 位置为 1，序列号 Sequence Number 为 y；主机 B 将上述所有信息放到一个报文段（即 SYN+ACK 报文段）中，一并发送给主机 A，此时主机 B 进入 SYN_RCVD 状态。

③ 第三次握手：主机 A 收到主机 B 的 SYN+ACK 报文段。然后将确认号 ACK Number 设置为 y+1，向主机 B 发送 ACK 报文段，这个报文段发送完毕以后，主机 A 和主机 B 都进入 ESTABLISHED 状态，完成 TCP 三次握手。

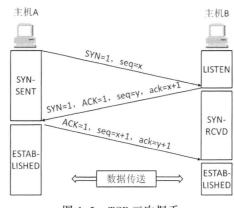

图 1-3　TCP 三次握手

8. TCP/IP 的高层协议

① DNS（域名解析）。网络上的主机都有唯一的一个 32 位 IP 地址来标识主机，用户更愿意使用一个有一定意义的名字来指明主机，即域名解析。

② SMTP。应用程序是通过简单邮件传输协议 SMTP（Simple Mail Transfer Protocol）来收发电子邮件的，邮件最后被放到一个邮箱中，通常每个用户都有一个邮箱。邮件传输代理 MTA（Message Transfer Agent）又称为报文传输代理，它负责建立与远程主机的通信和传送邮件。

③ NFS。NFS 是网络文件系统，用于网络中不同主机间的文件共享。

④ FTP。FTP 是文件传输协议，主要目的是允许文件从一台主机传送到另一台主机，主机类型任意。FTP 使用 TCP 进行数据传输，是一个可靠的、面向连接的文件传输协议。

⑤ SNMP。SNMP 是简单网络管理协议，该协议提供了监控网络设备的方法，以及配置管理、统计信息收集、性能管理及安全管理等。

⑥ Telnet。Telnet 是远程终端协议，提供远程访问其他主机的功能，它允许用户登录远程窗口。

1.5　网络拓扑结构

网络拓扑结构是指网络中通信线路和结点的几何形状，用以表示整个网络的结构外貌，反映各结点之间的结构关系。网络拓扑结构包括物理拓扑结构和逻辑拓扑结构。物理拓扑结构代表了网内结点的通信连接布局，逻辑拓扑结构则涉及网络的介质访问方法。

1.5.1 物理拓扑结构

网络的物理拓扑结构是网络中各个结点相互连接的方法和形式，即网络中传输介质的整体结构。通俗地说，就是指将网络上的计算机、电缆、集线器及其他网络设备集合在一起的方法和形式。

常见的网络物理结构主要有：总线型（Bus）、环状（Ring）、星状（Star）、网状（Mesh）和蜂窝状（Cellular），还有一些是由基本的拓扑结构混合而成的。

在网络中，各个设备之间必然都有介质的连接，这些连接都可以分为两类：点对点连接（Point-to-Point Connection）和多点连接（Multipoint Connection）。点对点连接指在两台设备之间建立直接的连接，一条介质仅连接相应的两台设备而不涉及第三方。点到点连接的一种典型例子是将打印机连接到计算机上，或者，将调制解调器连到计算机上。多点连接则是多台设备共同使用一条传输介质。

物理拓扑形式，按其介质连接方式也分为以上两类。环状、星状和网状物理拓扑使用点对点连接方式，总线型和蜂窝状拓扑使用多点连接方式。

1．总线拓扑结构

总线拓扑结构使用一条电缆作为主干电缆，网上设备用从主干电缆上引出的电缆加以连接（见图1-4）。

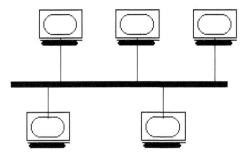

图1-4　总线拓扑结构

总线拓扑结构的网络有一个起始点和一个终止点，也就是与总线电缆段每个端点相连的终结器。传送包时，段中所有的结点都要对包进行检测，而且包必须在给定时间内到达目标。

一个电缆断开形成两个互不连接的网段，不同网段上设备不能通信，自然不能工作。另一种情况下，即使电缆没有断开而把网上设备分离（例如电缆的终端电阻脱落），也会因断开处产生信号回波而使网络无法工作。总线型的介质访问控制方式为载波监听多路访问/冲突检测（CSMA/CD）和令牌总线（Token-Bus）。

2．环状拓扑结构

环状拓扑结构是把多台设备依次连接形成一个物理的环状结构，设备与设备之间采用点对点连接方式（见图1-5）。

在环状拓扑结构中，信号通常由一台设备到另一台设备单向传输，电缆也被各台设备所分离，每台设备连接两根电缆，一根为入口电缆，一根为出口电缆。在每台设备中，都既要有从入口电缆接收信号的装置，又要有向输出电缆发送信号的装置。

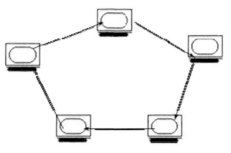

图 1-5 环状拓扑结构

　　环状拓扑结构中，数据的路径是连续的，没有逻辑的起点与终点，因此也就没有终结器。工作站和文件服务器在环的周围各点上相连。当数据传输到环时，将沿着环从一个结点流向另一个结点，找到其目标，然后继续传输直到又回到原结点。每个站对环的使用权是平等的，所以它也存在着一个对于环状线路的"争用"和"冲突"问题。

　　环状拓扑结构所需的电缆长度较少，和总线型拓扑结构相似，比星状拓扑结构短。环状拓扑结构对于它的最大环长和设备数也有限制，例如在 IBM 令牌环中最大环长小于 120 m，最大工作站数是 96。光纤的数据传输速率高，而环状拓扑结构是单方向传输，十分适用于光纤这种传输介质。

3. 星状拓扑结构

　　星状拓扑结构的物理布局由与中央集线器相连的多个结点组成，即使用集线器作为中心设备连接多台计算机。计算机与中心设备之间是点对点的连接。集线器是一种将各个单独的电缆段或单独的 LAN 连接为一个网络的中央设备，有些集线器也被称为集中器或存取装置。单一的通信电缆段像星星一样从集线器处向外辐射（见图 1-6）。

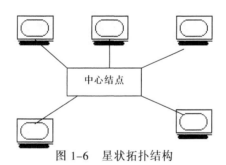

图 1-6 星状拓扑结构

　　星状拓扑结构的使用比较广泛，主要应用于有线双绞线的以太局域网中，10Base-T 就是采用双绞线的星状网络。

4. 蜂窝状拓扑结构

　　蜂窝状拓扑结构是专用于无线网络的一种拓扑形式。它以无线发射站的位置为中心，其覆盖区域之间互有少量重叠，从而保证不存在通信盲区。

5. 树状拓扑结构

　　树状拓扑结构是星状的扩展，是分层结构，具有根结点和各分支结点，形状像一棵倒置的树，顶端有一个带有分支的根，每个分支还可以延伸出子分支。树状拓扑结构适用于分级管理和控制系统。

6. 网状拓扑结构

网状拓扑结构是由分布在不同地点的计算机系统经信道连接而成，其形状任意。网状拓扑结构在网间所有设备之间实现点对点的连接，每条电缆之间相互独立，发生故障时方便将其隔离开进行故障定位，所以可靠性好、容错能力强。

7. 混合型拓扑结构

将以上某两种单一拓扑结构混合起来，取两者的优点构成的拓扑结构称为混合型拓扑结构。比如星状–环状混合的拓扑结构、星状–总线型混合的拓扑结构，既兼顾了两者的优点，又在一定程度上弥补了两者的缺点。

1.5.2 逻辑拓扑结构

网络逻辑拓扑结构是指信号在网络中实际传输的路径，它所描述的是信号怎样在网络中流动。

网络逻辑拓扑的划分，是依照当一台设备向网络上发出信号后，信号在网上怎样传递来进行的，可以分为两类：逻辑总线和逻辑环。

① 在逻辑总线拓扑结构中，任何一台设备发出的信号都将被网上所有的设备一起接收，信号采用广播方式进行传播。

② 在逻辑环拓扑结构中，每台设备都只接收指定发送给它的信号，并且只把信号发送给指定为下一站的设备。这样，信号就不会像洪水一样同时流过全网，而是按照一个预定的顺序一站一站地传递下去，最后回到发送站，形成信号传递的封闭环。

1.6 网络地址

地址是网络技术中最基本和最重要的概念之一。在网络中的任何一个设备和站点都是由本身的一个地址来指定和区别的。

1.6.1 MAC 地址

MAC（Media Access Control）地址，媒体访问控制地址，或称为硬件位址，用来定义网络设备的位置。在 OSI 模型中，第三层网络层负责 IP 地址，第二层数据链路层则负责 MAC 位址。因此一个主机会有一个 IP 地址，而每个网络位置会有一个专属于它的 MAC 位址。

MAC 位址共 48 位（6 B），以十六进制表示。广播位址为 FF:FF:FF:FF:FF:FF。后 24 位由 IEEE 等各组织决定如何分配，前 24 位由实际生产该网络设备的厂商自行指定。

MAC 地址就是网卡的标识，相当于人的身份证一样，MAC 地址是写入网卡 ROM 内的，所以不管网卡装在哪台机器上，MAC 地址都是唯一的。

1.6.2 IP 地址

IP 协议是提供一种全网间网中通信的地址格式，并在统一管理下进行地址分配，保证用到的地址叫作网间地址，又叫 IP 地址。TCP/IP 协议规定，每个网间网地址长 32 位。

1. IP 地址的结构

IP 地址是一种层次结构的地址，它的组成是：网络号+主机号，其中网络号标识该网络，而主机号标识该网络中的主机。

网络号确定计算机所在的网络，主机号确定计算机在该网络中所处的位置。在 Internet 中，根据 TCP/IP 协议规定，每个 IP 地址是由 32 位的二进制数组成的。为了便于记忆，将它们分为 4 段，每段 8 位，由圆点"."分开，用 4 个字节来表示，用圆点分开的每个字节的数值范围是 0～255，如 202.116.0.1。

IP 地址可确认网络中的任何一个网络和计算机，而要识别其他网络或其中的计算机，则是根据这些 IP 地址的分类来确定的。一般将 IP 地址按计算机所在网络规模的大小分为 A、B、C 三类，默认的网络掩码是根据 IP 地址中的第一个字段确定的。

IP 地址类型如图 1-7 所示。

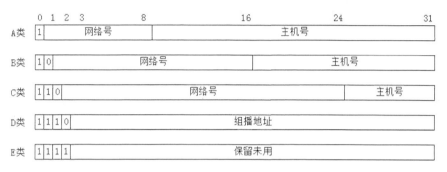

图 1-7　IP 地址类型

A 类地址的表示范围为：0.0.0.0～127.255.255.255。前 8 位代表网络。第 0 位为特征位，内容为 0，表明它是 A 类地址。A 类地址共有 128 个，每个 A 类地址可带 16 777 214 个 IP 主机，所以 A 类地址主要用于规模特别大的网络，每个网络可包含大量的主机，但网络数量较少。

B 类地址的表示范围为：128.0.0.0～191.255.255.255。前 16 位代表网络，第 0 位和第 1 位为特征位，内容为 10，表明它是 B 类地址；B 类地址共有 16 384 个，每个 B 类地址可带 65 534 个 IP 主机和网络。B 类地址主要用于中型网络。

C 类地址的表示范围为：192.0.0.0～223.255.255.255。前 24 位代表网络，第 0 位、第 1 位和第 2 位为特征位，内容为 110，表明它是 C 类地址。C 类地址共有 2 097 152 个，每个 C 类地址可带 254 个 IP 主机和网络。C 类地址主要用于小型网络。每个网络所带的主机数量较少，但可支持的网络数较多。

除了以上 A、B、C 三类地址外，网间网还存在着 D 类地址和 E 类地址。其中 D 类地址称为多播地址，供特殊协议向选定的结点发送信息时用；E 类地址用于将来的扩展之用。

以上 5 类地址使用较多的是 C 类地址，A、B 类主要用于大型网络。可以通过最高 8 位数值确定网络地址是属于哪类地址。

在 Internet 中，一台计算机可以有一个或多个 IP 地址，但两台或多台计算机却不能共享一个 IP 地址。如果有两台计算机的 IP 地址相同，则会引起异常，造成这两台计算机都无法正常工作。

2．子网掩码

子网掩码是一个 32 位地址，用于屏蔽 IP 地址的一部分，以区别网络标识符和主机标识符，说明 IP 地址是在本机局域网上还是在远程网上。

三类地址的默认子网掩码：

A 类地址掩码：255.0.0.0。

B 类地址掩码：255.255.0.0。

C 类地址掩码：255.255.255.0。

假如一个单位申请了一个 C 类地址 202.112.109，在此单位有 8 个部门。为了便于管理，准备把 C 类地址分为 8 个子网，其子网掩码是什么？

分析：根据地址类别的定义，一个 C 类地址的标准子网掩码是 FF.FF.FF.00（或 255.255.255.0），为了把 202.112.109 的 C 类网分为 8 个子网，我们需要 3 位来表示子网，如图 1-8 所示。结果：子网掩码是 FF.FF.FF.E0（或 255.255.255.224）。

图 1-8　一个 C 类网络分为 8 个子网

3．IPv4 协议

IP 是 TCP/IP 协议簇中网络层的协议，是 TCP/IP 协议簇的核心协议。目前，IP 协议的版本号是 4（简称为 IPv4），是第一个被广泛使用/构成互联网技术的协议。

IPv4 是基于连接统计性质的地址策略，它提供庞大可扩展的寻址方案、增强的安全性能以及其他一些特征性满足当今 Internet 纷繁复杂的连接需求。

4．IPv6 协议

IPv6 是新一版本的互联网协议，它的提出最初是因为随着互联网的迅速发展，IPv4 定义的有限地址空间将被耗尽，地址空间的不足必将影响互联网的进一步发展。为了扩大地址空间，拟通过 IPv6 重新定义地址空间。

IPv6 的地址长度为 128 位，相对 IPv4 来说，它的有效地址范围是 IPv4 整个范围平方的平方，这是一个巨大的地址空间。在 IPv6 的设计过程中除了一劳永逸地解决地址短缺问题以外，还考虑了解决 IPv4 中的其他问题。IPv6 的主要优势体现在：扩大地址空间、提高网络的整体吞吐量、改善服务质量、安全性有更好的保证、支持即插即用和移动性、更好地实现多播功能等几个方面。

将 IPv6 地址表示为文本字符串的常规形式为 n:n:n:n:n:n:n:n。每个 n 都表示 8 个 16 位地址元素之一的十六进制值。

IPv6 的地址类型分为单播地址、多播地址以及任播地址三种。

① 单播地址是网络结点设备的一个单独接口的标识符。送往一个单播地址的数据包将被传送至该地址标识的接口上。一个单播地址只能标识一个唯一的接口。

② 一个多播地址用于标识一组接口（一般属于不同结点）。送往一个多播地址的数据包将被传送至有该地址标识的所有接口上。

③ 一个任播地址是一组接口（一般属于不同结点）的标识符。送往一个任播地址的数据包将被传送至该地址标识的所有接口中与源地址路由距离最近的一个接口上。任播地址只能作为 IPv6 数据包的目的地址，不能作为源地址。任播地址只能分配给路由器，而不能分配给主机。

1.6.3 DNS 域名系统

在计算机网络中,主机标识符分为三类:名字、地址和路径。IP 地址用于 IP 层及 IP 层以上的高层协议中,其目的在于屏蔽物理地址细节,在网间网内部提供一种全局性的通信地址。网间网提供主机名字,目的在于方便用户使用网间网,对主机名字的首要要求是全局唯一性,即能在整个网间网通用,其次要便于管理。

为方便记忆、维护和管理,网络上的每台计算机都有一个直观的唯一标识名称,称为域名。其基本结构为主机名.单位名.类型名.国家或地区代码。在 TCP/IP 网间网中实现的层次型名字管理机制叫域名系统。

本章小结

网络的基本特征是:互联、开放和共享。计算机网络,是将分布在不同地理位置上的具有独立功能的数台计算机、终端及其附属设备,用通信设备和通信线路连接起来,并配上相应的网络软件,遵照网络协议进行数据通信,以实现计算机资源共享的系统。计算机网络的体系结构采用分层结构,定义描述了数据通信的标准和规范。地址是网络技术中最基本的概念之一,用来标识网络中的众多设备,便于在通信时能够互相识别。

习　　题

一、填空题

1. 计算机网络最主要的功能是_____、_____。
2. 计算机网络的基本特征是_____、_____、_____。
3. 世界上第一个远程分组交换网为_____网。
4. Internet 的前身是_____。
5. 计算机网络技术是_____、_____相结合的产物。
6. 局域网的工作范围是_____。
7. 局域网的数据传输率一般为_____。
8. 计算机的网络按规模可分为_____、_____、_____。
9. 计算机网络分为局域网、城域网、广域网,其中_____的规模最大。
10. 计算机网络分为局域网、城域网、广域网,其中_____的规模最小。
11. 网络服务器有两种配置方式,即_____、_____。
12. 计算机网络必须具备的要素的数目是_____。
13. _____是在小范围内将许多数据设备互相连接进行数据通信的计算机网络。
14. 在同等条件下,影响网络文件服务器性能的决定性因素是_____。
15. 文件服务的最基本特征是_____。
16. 集中式文件服务通常是被称为基于服务器的_____。
17. 将计算机连接到网络上必需的设备是_____。

18. 网络服务器的功能是_____、_____、_____。

19. 层和协议的集合叫做_____。

20. 计算机网络体系结构主要包括_____、_____、_____、_____、
_____。

21. 每一层中活跃的元素叫_____。

22. $n+1$ 层可以访问 n 层服务的地方就叫做 n 层访问点_____。

23. _____负责在应用进程之间建立组织和同步会话。解决应用进程之间会话的许多具体问题。

24. _____为物理服务用户提供建立物理连接、传输物理服务数据单元和拆除物理连接的手段。

25. _____是整个协议层次结构中最核心的一层。

26. 所谓_____就是由一个端点用户所产生的报文要在另一个端点用户上表示的形式。

27. _____涉及把两个网络连接在一起的问题。

28. OSI 参考模型的_____、_____、_____负责网络中的数据传送，又叫介质层。

29. OSI 参考模型的_____、_____、_____、_____保证数据传输的可靠性，又叫主机层。

30. 在 OSI 的七层参考模型中，最靠近用户的一层是_____。

31. 在 OSI 的七层参考模型中，工作在第三层以上的网络间连接设备是_____。

32. 深入研究计算机网络应该使用_____。

33. ISO 制定的 OSI 共有_____个层次。

34. 物理层标准涉及的内容是_____、_____、_____、
_____、_____。

35. 协议是网络实体之间、网络之间的通信规则，它的关键因素是_____、_____、
_____。

36. 在网络协议的三个关键因素中，数据与控制信息的结构或格式是_____。

37. 在网络协议的三个关键因素中，需要发出何种控制信息、完成何种动作、做出何种应答是指_____。

38. 在网络协议三个关键因素中，事件实现顺序的详细说明是指_____。

39. TCP/IP 网络体系源于美国_____工程。

40. TCP/IP 模型中没有的层是_____、_____。

41. TCP/IP 模型中具有的层是_____、_____、_____。

42. 在 TCP/IP 协议簇中，UDP 协议工作在_____。

43. 层和协议的集合叫做_____。

44. TCP/IP 网络中提供可靠数据传输的是_____。

45. TCP/IP 模型中网络层中最重要的协议是_____。

46. 在 TCP/IP 网络中，提供错误报告的协议是_____。

47. ICMP 协议提供的消息有_____、_____、_____、_____、
_____、_____。

48. 当路由器发送一条 ICMP 目的地不可到达消息时，表示_____。

49. TCP 提供的服务包括_____、_____、_____、_____。

50. TCP 实现可靠性的方法是_____。

51. TCP 传输数据之前必须建立连接，建立 TCP 连接的方法是_____。

52. TCP 数据包格式中没有包括的是_____。

53. TCP/IP 网络中不提供可靠性传输的是_____。

54. 使用 UDP 的应用层协议有_____、_____、_____、_____。

55. TCP/IP 网络中应用层协议包括_____、_____、_____、_____、_____。

56. 网络的物理拓扑结构类型包括_____、_____、_____。

57. 网络的物理拓扑结构是指网络中_____的整体结构。

58. 网络逻辑拓扑结构是指网络中_____的整体结构。

59. 使用一条电缆为主干缆，网上设备从主干缆上引出的电缆加以连接，描述的是_____网络物理拓扑结构。

60. 把各台设备依次连接形成一个物理的环状结构，设备与设备之间采用点对点的连接方式，描述的是_____网络物理拓扑结构。

61. 使用集线器作为中心，连接多台计算机，描述的是_____网络物理拓扑结构。

62. 所有设备实现点对点连接，描述的是_____网络物理拓扑结构。

63. 点对点连接方式下，一条介质可以将_____台设备进行连接。

64. Ethernet 采用总线型连接时，相邻两台设备的最小距离规定为_____m。

65. Ethernet 采用总线型连接时，一个网段最多可同时连接_____台设备。

66. 树状结构是_____结构的变形。

67. IBM 令牌环中最大环长小于_____m。

68. IBM 令牌环中最大工作站数为_____。

69. 5 台设备采用网状连接时，共需要_____条电缆。

70. 逻辑拓扑结构主要有_____。

71. 无线网专用_____的物理拓扑结构。

72. 用来描述信号在网络中的实际传输路径是_____。

73. _____的逻辑拓扑中，信号是采用广播方式进行传播的。

74. _____的逻辑拓扑中，信号是按照一个预定的顺序一站一站地往下传，最后回到发送站。

75. 具有中央结点的网络拓扑结构是_____。

76. 可靠性好、容错能力最强的拓扑结构是_____。

77. 分级集中控制式网络是_____。

78. IP 地址格式的位数是_____。

79. IP 地址由_____部分组成。

80. IP 地址的类型共有_____种。

81. IP 地址 172.31.1.2 的类型是_____。

82. 子网掩码中"1"的个数等于_____。

83. 不带子网的 B 类地址 171.16.0.0 的默认子网掩码为 255.255.0.0，但如果将主机号的高 8 位作为子网号，则子网掩码是_____。

84. A 类 IP 地址中，网络号的字节数是_____。

85. B 类 IP 地址中，主机号的字节数是_____。

86. 主机号占 3 个字节的 IP 地址类型是_____。

87. 主机号与网络号的字节数相等的 IP 地址的类型是_____。

88. 通过 IP 地址和子网掩码获得网络号的逻辑运算是_____。

89. 通过 IP 地址和子网掩码获得主机号的逻辑运算过程是_____。

90. 由计算机的 IP 地址得到 MAC 物理地址的协议是_____。

91. 由计算机的 MAC 物理地址得到 IP 地址的协议是_____。

92. 计算机网络中存在的两种寻址方式是_____。

93. 计算机的硬件地址是指_____地址。

二、选择题

1. 计算机网络应具有以下哪几个特征？（　　　　）

    a. 网络上各计算机在地理上是分散的　　b. 各计算机具有独立功能

    c. 按照网络协议互相通信　　　　　　　d. 以共享资源为主要目的

    A. a,c　　　　　　　B. b,d　　　　　　　C. a,b,c　　　　　　　D. a,b,c,d

2. 计算机网络按规模、传输距离可分为（　　　　）。

    a. 局域网　　　　　b. 广域网　　　　　c. 以太网　　　　　d. 星形网

    e. 城域网

    A. a,c,d　　　　　　B. a,b,d　　　　　　C. a,b,e　　　　　　D. a,b,c,d,e

3. OSI 参考模型的（　　　）负责在网络中进行数据的传送，又叫介质层。

    a. 应用层　　　　　b. 表示层　　　　　c. 会话层　　　　　d. 传输层

    e. 网络层　　　　　f. 数据链路层　　　g. 物理层

    A. a,b　　　　　　　B. a,b,c　　　　　　C. d,e,f　　　　　　　D. e,f,g

4. OSI 参考模型的（　　　）保证数据传输的可靠性，又叫主机层。

    a. 应用层　　　　　b. 表示层　　　　　c. 会话层　　　　　d. 传输层

    e. 网络层　　　　　f. 数据链路层　　　g. 物理层

    A. a,b　　　　　　　B. a,b,c,d　　　　　C. d,e,f　　　　　　　D. e,f,g

5. 在 OSI 的七层参考模型中，最靠近用户的一层是（　　　　）。

    a. 应用层　　　　　b. 表示层　　　　　c. 会话层　　　　　d. 传输层

    e. 网络层　　　　　f. 数据链路层　　　g. 物理层

    A. a　　　　　　　　B. d　　　　　　　　C. c　　　　　　　　D. e

6. 物理层标准涉及的内容是（　　　　）。

    a. 拓扑结构　　　　b. 信号传输　　　　c. 宽带作用　　　　d. 复用

    e. 接口　　　　　　f. 位同步

    A. a,b,c　　　　　　B. b,e,f　　　　　　C. b,d,e,f　　　　　　D. a,b,c,d,e,f

7. TCP/IP 模型中没有的层是（　　　　）。

    a. 应用层　　　　　b. 传输层　　　　　c. 会话层　　　　　d. 网络层

    e. 表示层

    A. a 和 b　　　　　　B. b 和 d　　　　　　C. a 和 c　　　　　　D. c 和 e

8. TCP/IP 模型中具有的层是（　　　）。

　　a. 应用层　　　　　b. 传输层　　　　　c. 会话层　　　　　d. 网络层

　　e. 表示层

　　A. a,b,c　　　　　B. a,b,d　　　　　C. a,c　　　　　D. c,e

9. ICMP 协议提供的消息有（　　　）。

　　a. 目的地不可到达（Destination Unreachable）

　　b. 回响请求（Echo Request）和应答（Reply）

　　c. 重定向（Redirect）

　　d. 超时（Time Exceeded）

　　e. 路由器通告（Router Advertisement）

　　f. 路由器请求（Router Solicitation）

　　A. a　　　　　B. a,b　　　　　C. a,b,c,d　　　　　D. a,b,c,d,e,f

10. TCP 提供的服务包括（　　　）。

　　a. 数据流传送　　b. 可靠性　　　　　c. 有效流控　　　　　d. 全双工操作

　　e. 多路复用

　　A. a,b　　　　　B. a,b,c　　　　　C. a,b,d　　　　　D. a,b,c,d,e

11. TCP 实现可靠性的方法是（　　　）。

　　a. 使用转发确认号对字节排序　　　　　b. 差错控制

　　c. 流量控制　　　　　　　　　　　　　d. 数据分块

　　A. a　　　　　B. a,b　　　　　C. a,b,c　　　　　D. a,b,c,d

12. TCP 的可靠性机制可以消除的错误有（　　　）。

　　a. 丢失　　　　　b. 延迟　　　　　c. 重复　　　　　d. 错读数据包

　　A. a　　　　　B. a,b　　　　　C. a,b,c　　　　　D. a,b,c,d

13. 有关 TCP 滑行窗口的说法中正确的是（　　　）。

　　a. TCP 滑行窗口有利于提高带宽利用率

　　b. TCP 滑行窗口使主机在等待确认消息的同时，可以发送多个字节或数据包

　　c. TCP 滑行窗口的大小以字节数表示

　　d. TCP 滑行窗口的大小在连接建立阶段指定

　　e. TCP 滑行窗口的大小随数据的发送而变化

　　f. TCP 滑行窗口可以提供流量控制

　　A. a,b,c　　　　　B. a,b,d　　　　　C. a,b,c,d,f　　　　　D. a,b,c,d,e,f

14. TCP 数据包格式中没有包括的是（　　　）。

　　a. IP 地址　　　　b. 端口　　　　　c. 序列号　　　　　d. 窗口

　　e. 校验和　　　　f. 紧急指针　　　　g. 数据

　　A. a　　　　　B. a,g　　　　　C. d,e,f　　　　　D. b,c,d,e,f,g

15. 使用 UDP 的应用层协议有（　　　）。

　　a. 网络文件系统 NFS　　　　　　　　b. 简单网络管理协议 SNMP

　　c. 域名系统 DNS　　　　　　　　　　d. 通用文件传输协议 TFTP

　　A. a,b　　　　　B. a,c　　　　　C. b,c,d　　　　　D. a,b,c,d

16. TCP/IP 网络中应用层协议包括（　　　）。

    a. FTP　　　　　b. SNMP　　　　　c. Telnet　　　　　d. X 窗口

    e. NFS　　　　　f. SMTP　　　　　g. DNS

    A. a,b,c,d　　　B. a,b,c,d,e　　　C. a,b,c,d,f　　　D. a,b,c,d,e,f,g

17. 网络的物理拓扑结构类型包括（　　　）。

    a. 星状　　　　　b. 环状　　　　　c. 总线型　　　　　d. 树状

    e. 网状

    A. a,b,c,d　　　B. a,b,c,d,e　　　C. a,c,e　　　D. b,c,d,e

18. 逻辑拓扑结构主要有（　　　）。

    a. 星状　　　　　b. 环状　　　　　c. 总线型　　　　　d. 树状

    e. 网状

    A. a,b,d　　　B. b,c　　　C. a,c,e　　　D. b,d,e

19. 用来描述信号在网络中的实际传输路径的是（　　　）。

    a. 逻辑拓扑结构　b. 物理拓扑结构

    A. a　　　B. b　　　C. a,b　　　D. 都不是

20. 网络 172.16.0.0 的子网包括（　　　）。

    a. 172.0.0.0　　b. 172.16.1.0　　c. 172.16.0.1　　d. 172.16.2.0

    e. 172.16.3.1

    A. a　　　B. a,b,d　　　C. c,e　　　D. b,d

21. 计算机网络中存在的两种寻址方式是（　　　）。

    a. MAC　　　　　b. IP　　　　　c. 端口地址　　　　　d. DNS

    A. a,b　　　B. a,d　　　C. c,d　　　D. b,d

第2章

数据通信基础

计算机网络技术综合了计算机技术和通信技术。通信的目的就是两台计算机之间的数据交换，其本质上是数据通信的问题。数据通信是将快速传输数据的通信技术和数据处理、加工及存储的计算机技术相结合，从而给用户提供及时准确的数据。网络管理员在学习计算机网络时有必要对数据通信方面的基础概念、名词、术语和技术等有关概念进行了解。本章将介绍数据通信方面的基础知识。

2.1 数据通信的基本知识

2.1.1 数据通信的概念

从广义上来说，通过任何介质、采用任何形式将信息从一个地方传输到另一个地方，都称为通信。如果信息的自然形态是模拟的，如语音、图像，经数字化处理后，用数字信号的形式进行传送，称为"数字通信"。如果信息的自然形态是数字的（离散的），如计算机数据，则不管以哪种形式的信号进行传送都叫"数据通信"。在计算机网络中，通信的目的是为了实现两台或两台以上的计算机之间以二进制的形式进行信息传输与交换。

2.1.2 术语解析

1．信息

信息，简单来说就是数据的内容和解释。它表征了客观事物的属性和特性，反映出客观事物的存在形式与运动状态。信息是字母、数字及符号的集合，其载体可以是数字、文字、语音、视频和图像等。

2．数据

数据是指数字化的信息。在数据通信过程中，被传输的二进制代码（或者说数字化的信息）称为数据。数据是传递信息的载体，它涉及事物的表现形式。数据与信息的区别：数据是装载信息的实体，信息则是数据的内在含义或解释。

数据可分为数字数据和模拟数据。数字数据是离散的值，模拟数据是在某区间内连续变化的值。

3．信号

信号，简单来说就是携带信息的传输介质。它是数据的电子或电磁编码。表示信息的数据通常要被转变为信号才能进行传输。

根据信号参量取值不同，信号有两种表示形式：模拟信号（Analog Signal）与数字信号（Digital Signal），如图 2-1 所示。

① 模拟信号：是随时间连续变化的电流、电压或电磁波，其信号的幅度、频率、相位随时间作连续变化。

② 数字信号：是一系列离散的电脉冲。

模拟信号与数字信号在一定条件下是可以相互转换的。模拟信号可以通过采样、量化、编码等步骤转变成数字信号，而数字信号也可以通过解码、平滑等步骤转变为模拟信号。

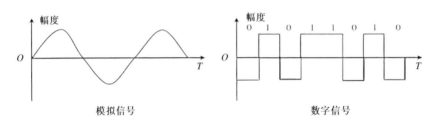

图 2-1　模拟信号与数字信号

4．信道

信道是信息从信息的发送地传输到信息接收地的一个通路，它一般由传输介质（线路）及相应的传输设备组成。同一传输介质上可以同时存在多条信号通路，即一条传输线路上可以有多条信道。信道有多种不同的类型：

① 按传输介质来划分，可分为有线信道和无线信道。

使用有形的线路作为传输介质的信道称之为有线信道，常见的有同轴电缆、双绞线、光纤等；以电磁波、红外线等方式传输信号的信道叫作无线信道，常见的有红外线、无线电、微波、卫星通信等。

② 按信号传输方向与时间关系来划分，可分为单工、半双工和全双工信道。

单工信道是信号单方向传输的信道，在任何时刻不能改变信号的传输方向。半双工信道是指信号可以进行双向传输的信道，但某一时间只能一个方向传输，两个方向不能同时进行传输，如对讲机等。全双工信道是指信号在任何时刻可以同时进行双向传输的信道，比如计算机通信。

③ 按数据的传输方式划分，可分为串行信道和并行信道。

串行信道是指信号在传输时只能一位一位地进行传输的信道，发送和接收双方只需要一条传输信道，但彼此之间存在着如何保持比特与字符的同步问题。并行信道是指信号在传输时一次传输多个位的信道，这些位在信道上同时传输，发送和接收双方不存在同步问题。

④ 按传输信号的类型划分，可分为模拟信道和数字信道。

用来传输模拟信号的信道称为模拟信道，如果利用模拟信道传输数字信号，那么需要把数字信号调制成模拟信号。传输数字信号的信道称为数字信道，数字信道适宜于数字信号传输，失真小、误码率低、效率高，但需要解决数字信道与计算机接口的问题。

⑤ 按通信的使用方式划分，可分为专用信道和公共信道。

专用信道是指连接用户设备的固定线路。在连接时可采用点对点连接，也可采用多点连接方式。公共信道是指通过交换机转接，为用户提供服务的信道，如使用程控交换机的电话交换网就属于公共信道。

5．信源

信源即信息的来源，一般指信息的发送端，可以是发送信息的人或设备。信源产生的数据可以是模拟数据，也可以是数字数据。

6．信宿

信宿是传输信息的归宿，其作用是将复原（解码）的原始信号转换成相应的消息。

7．噪声

噪声源是系统内各种干扰影响的等效结果。系统的噪声来自各个部分，从发出和接收信息的周围环境、各种设备的电子器件，到信道所受到的外部电磁场干扰，都会对信号形成噪声影响。

2.1.3 通信系统的基本模型及数据通信系统

1．基本模型

通信系统的模型有五个基本组件：发送设备、接收设备、发送机、信道和接收器。典型的通信系统主要包括三部分：信源（发送机）、信道和信宿（接收机），如图2-2所示。

图2-2　数据通信系统模型

不同的通信系统在设备配置、通信线路、业务处理方式等方面都有很大差异，但长期以来形成了很多通用数据通信技术，为实现高效、统一的通信环境奠定了基础。

2．数据通信系统

数据通信是以传输数据为业务的通信，分为模拟数据通信和数字数据通信两种，计算机网络中涉及的数据通信主要指数字数据通信，完成数字信号产生、变换、传递及接收全过程的数据系统称为数据通信系统。

2.1.4 数据通信的主要技术指标

1．数据传输率

数据传输率又称数据通信速率，是指数据在信道中传输的速率。数据传输率分为两种：

① 信号传输速率：也称为码元率或波特率，是指单位时间内通过信道传输的码元数，单位为波特，记作 Baud。T 为一个数字脉冲信号的宽度。

计算公式：$B=1/T$

② 数据传输速率：也称比特率，反映一个数据通信系统每秒传输二进制信息的位数，单位为比特/秒（bit/second），记作 bps 或 bit/s。

计算公式：$S=B\log_2 N$

注：N 指一个波形代表的有效状态数，二进制的一个波形表示 0、1 两种状态。

2．信道容量

① 信道容量表示一个信道的最大数据传输率，单位为位/秒（bit/s）。

② 离散信道的容量。奈奎斯特（Nyquist）定理描述了具有理想低通矩形特性的信道情况下的码元速率（波特率）极限值 B 与信道带宽 H 的关系：$B=2 \times H$。

离散无噪信道的容量计算公式，即奈奎斯特公式为：$C=2 \times H \times \log_2 N$。其中：$H$ 为信道的带宽，即信道传输上、下限频率的差值，单位为 Hz；N 为一个码元所取的离散值个数；C 为信道容量。

③ 连续信道的容量。带噪声的信道容量计算机公式，即香农公式为：$C=H\log_2(1+S/N)$。其中：S 为信号功率；N 为噪声功率；S/N 为信噪比，通常把信噪比表示成 $10\lg(S/N)$，单位为分贝（dB）。

3．误码率

误码率是衡量通信系统在正常工作情况下的传输可靠性的指标。它是指二进制码元在传输过程中被传错的概率。信号传送中的基本单位称为码元，每个码元可携带 1 位或多位二进制信息。在计算机网络中，一般要求误码率低于 10^{-6}，当误码率达不到这个指标时，可以通过差错控制方法检错和纠错。

误码率的计算公式为：$P_e=N_e/N$。其中：N_e 为其中出错的位数；N 为传输的数据总位数；P_e 为误码率。

4．带宽、数据率、信道容量的关系

① 模拟信道中，常用带宽表示信道传输信息的能力；数字信道中，则常用数据率表示信道传输信息的能力。

② 信道容量是指物理信道上能够传输数据的最大数据率。

③ 由香农公式得出，信道容量与带宽成正比关系，因此数据率与带宽也成正比关系。

2.2　数据传输方式

数据通信具体的传输模式定义了比特序列从一个设备传输到另一个设备的方式，同时也定义了比特序列是否可以同时在两个方向上传输，还是设备必须轮流地发送和接收信息。

按数据传输的顺序可以分为并行传输和串行传输；按数据在信道上的传输方向和时间的关系可分为单工、半双工和全双工数据通信；按在传输数据信号的过程中是否进行调制可以分为基带传输和频带传输；按数据传输的同步方式可分为同步传输和异步传输。

2.2.1　串行传输与并行传输

① 串行传输：将待传输的每个字符的二进制代码按由低位到高位的顺序一个字节一个字节的传送，从发送端到接收端只需要一条传输信道。串行传输的传输速度比并行传输要低，但串行传输可以节省线路和设备，广泛应用于远程数据传输中，通信网络和计算机网络中的数据传输就是以串行方式进行的。

② 并行传输：将表示一个字符的 8 位二进制代码通过 8 条并行的通信信道同时发送，数据传输率较高，适用于短距离的传输。计算机内的数据总线就是采用并行传输方式，有 8位、16 位、32 位和 64 位数据总线。

2.2.2 单工、半双工和全双工通信

按数据在信道上传输方向和时间的关系，可分为：

① 单工通信：使用单工信道，在任何时候信号只能向一个方向传输，如无线电广播。单工通信的设备相对比较便宜，只要求有一个发射器或接收器。

② 半双工通信：利用半双工信道进行传输，通信双方可轮流发送或接收信息，即在一段时间内信道的全部带宽只能向一个方向上传输信息。半双工通信可双向传输，但不能同时进行，如对讲机系统。半双工通信由于要求通信双方都必须有发送器和接收器，因此比单工通信设备昂贵。

③ 全双工通信：使用全双工信道，信号可同时双向传输，如电话通信网络。全双工通信不但要求通信双方都有发送和接收的设备，而且要求信道能提供双向传输的双向带宽，它相当于把两条相反方向的单工通信信道组合在一起，所以全双工通信设备更昂贵。

全双工和半双工相比，效率更高，但结构复杂，实现成本较高。

图 2-3 所示为单工、半全工、全双工通信示意图。

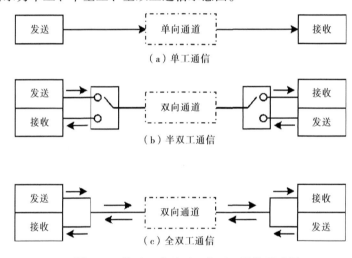

图 2-3　单工、半双工、全双工通信示意图

2.2.3 基带传输与频带传输

根据数据传输系统在传输数据信号的过程中是否进行调制，可把传输方法分为基带传输和频带传输两种。

1. 基带传输

人们把矩形脉冲信号的固有频带称作基本频带（简称基带）。基带传输是一种最基本的数据传输方式，它在发送端把信源数据经过编码器变换，变为直接传输的基带信号，在接收端由解码器恢复成与发送端相同的数据。近距离通信的局域网都采用基带传输。

2. 频带传输

应用模拟信道传输数据信号的方法称为频带传输。最常用的方式是使用电话交换网，通过通信设备调制/解调器对传输信号进行转换的通信。优点：价格便宜，易于实现。缺点：速率低、误码率高。

2.2.4 同步传输与异步传输

按照通信双方协调方式的不同，数据传输方式可分为异步传输和同步传输两种方式。

1. 同步传输

同步技术是数据通信中的重要技术。通信过程中收、发双方必须在时间上保持同步，一方面，数字信号中每一位之间要保持同步；另一方面，由数字信号中每一位组成的字符或数据块之间在起止时间上也要保持同步。

所谓同步，就是要求接收端按照发送端的速率来接收。接收端的校正过程就是同步。在网络通信中，经过编码和调制的信号到达接收方后并不能形成一个正确的信息，接收方必须从传来的波形中重新提取出正确的信息才行。这就要求接收方知道信号到达的准确时间以便提取数据。

决定何时提取数据的过程称为位同步，位同步的方法有两种：异步通信和同步通信。

在同步传输方式中采用的是同步通信方式，该方式使接收方的时钟和信号时钟同步在一起，确保争取提取信号。同步通信是一种串行传送数据的通信方式，一次通信只传送一帧信息，由同步字符、数据字符和校验字符（CRC）组成、同步传输也叫帧同步。

实现同步通信有三种方式：独立时钟信号法、过采样法和状态改变法。

2. 异步传输

异步通信是以字符或者字节为单位组成字符帧进行传输。字符帧包括空闲位、起始位、资料位、奇偶校验位、停止位。

在异步传输中，信号的传输是间歇性的。用这种方式一次传输一个字符的数据，每个字符用一个起始位引导（如：编码为0），用一个停止位结束（如：编码为1）。在数据发送的间歇期，系统会向其中填充停止位（即1），这样在0与1之间的数据就是有用的。接收方和发送方两者各自使用自己内部时钟对信号采样，这样就会出现不同步现象。异步传输也叫字符同步。

2.3 数据编码和调制技术

由于传输介质及其格式的限制，通信双方的信号不能直接进行传送，必须通过一定的方式处理之后，使之能够适合传输媒体特性，才能够正确无误地传送到目的地。把数据变换为模拟信号的过程称为调制，把数据变换为数字信号的过程称为编码。

2.3.1 数字数据转换为数字信号

对于数字信号的基带传输，二进制数字在传输过程中可以采用不同的编码方式，各种编码方式的抗干扰能力和定时能力各不相同，常见的数字数据编码方案有非归零编码、曼彻斯特编码及微分曼彻斯特编码。

1. 非归零编码

非归零编码的表示方法有多种，但通常用负电平表示"0"，正电平表示"1"。非归零编码的缺点在于它不是自定时的，这就要求另有一个信道同时传输同步时钟信号，否则无法判断一位的开始与结束，导致收发双方不能保持同步。并且当信号中"1"与"0"的个数不相等时，存在直流分量，这是数据传输中所不希望的。它的优点是实现简单、成本较低。

2．曼彻斯特编码

曼彻斯特编码是目前应用最广泛的双相码之一，此编码在每个二进制位中间都有跳变，由高电平跳到低电平时，代表"1"，由低电平跳到高电平时，代表"0"，此跳变可以作为本地时钟，也可供系统同步之用。曼彻斯特编码常用在以太网中，其优点是自含时钟，无须另发同步信号，并且曼彻斯特编码信号不含直流分量。它的缺点是编码效率较低。

3．微分曼彻斯特编码

微分曼彻斯特编码也叫差分曼彻斯特编码，它是在曼彻斯特编码的基础之上改进而成的，也是一种双相码，与曼彻斯特编码不同的是，这种编码的码元中间的电平转换只作为定时信号，而不表示数据。码元的值根据其开始时是否有电平转换，有电平转换表示"0"，无电平转换表示"1"。微分曼彻斯特编码常用在令牌网中。

2.3.2 数字数据转换为模拟信号

在通信系统中，将数字数据转换为模拟信号的方法称为调制技术。数字信号的调制实际上是用基带信号对载波波形的某些参数进行控制，而模拟信号传输的基础是载波，载波就是工作在预先定义的频率上的连续信号。在这种调制方式中，振幅、频率为常量，相位为变量，每一种相位代表一种码元。在二码元制中，信号"0"和"1"分别用不同相位的波形表示。

载波具有三大要素：幅度、频率和相位。改变载波使它能以适合传输的形式表示数据称为调制。改变波形的振幅称为调幅；改变波形的频率称为调频；改变波形的相位成为调相。这三种调制方法广泛用于传统的无线电和电视广播领域。

相位调制又有两种基本形式，即绝对调相与相对调相。下面以二码元制为例来说明：

绝对调相中，数字信号"0"和"1"的载波信号表示相位不同，φ为0表示数字"1"，φ为π表示数字"0"，或者反之。

相对调相中，当传输数字"1"时，则相位相对于前一码元的相位移动，当传输数字"0"时，相位保持不变，反之亦可。为了提高速度，还有多相调制，如四相制中相位角有4种变化，分别表示00、01、10、11。

相位调制抗噪声干扰和抗衰减较强，占用带宽较窄，因而在实际应用中使用比较广泛。它的缺点是实现稍微复杂点。

图 2-4 所示为调制方式。

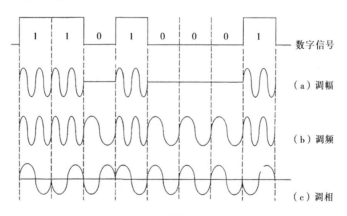

图 2-4　调制方式

2.3.3 模拟数据转换为模拟信号

有两种基础的方式将模拟数据转换为模拟信号：以信号的原始频率表示；将传输的信号与载波相结合以频率表示。

2.3.4 模拟数据转换为数字信号

模拟数据的数字传输是利用数字信号传输系统传输模拟信号，这就需要在发送端将模拟数据数字化。在发送端，模拟信号经过编码译码器（Coder-DECoder，缩写为 CODEC）的作用，可以转换成数字信号，接收端再经过 CODEC 的作用，把数字信号复原成模拟信号。脉冲编码调制（PCM）就是进行数字化时常采用的技术。

脉冲编码调制的操作过程分为采样、量化和编码三部分。

1．采样

采样是在一定的时间间隔 T，对模拟信号取样，这一系列连续的样本，用来代表模拟信号在某一区间随时间变化的值。

在采样过程中，必须满足采样定理。采样定理是指一个连续变化的模拟信号，如果它的最高频率或带宽 F_{max}，对它以 T 为周期进行周期采样，刚采样的频率为 $F=1/T$，若能满足 $F=1/T \geqslant 2F_{max}$，即采样频率大于或等于模拟信号最高频率的 2 倍，那么采样后的离散序列就能无失真恢复出原始的连续模拟信号。

2．量化

量化是把采样所得到的信号幅度按编码转换器的量级分级并取整，使连续模拟信号变为时间上和幅度上都离散的值。离散值是对采样后得到的连续值，对这些连续值进行判断，决定这个值是属于哪一量级，并将幅值按量化级取整转化为离散的值。经量化后的个数即量化的等级，如 8 级、16 级，以及更多的量化等级，它决定了量化的精度，量化级越大，量化精度越高。反之，量化精度越低。

3．编码

编码是用若干位二进制组合表示已取整得到的信号幅值，将离散值变成一定位数的二进制编码，并将编码以脉冲的形式送往信道传输。例如可用 3 位、4 位二进制代码分别表示 8 级和 16 级量化后的样本值，并将模拟信号转换成对应的二进制代码，这样，模拟信号就转化成了数字信号。

2.4 多路复用技术

为了充分利用通信干线的通信能力，人们广泛使用多路复用（Multiplex）技术，即让多路通信信道同时共用一条线路，尽可能地传输较多的信息。多路复用系统可以将来自多个信息源的信息合并，然后将这一合成的信息群经单一的线路和传输设备进行传输。在接收端，用设备将信息群分离成单个的信息。所以，只用一套收发设备就能替代多个设备，更加有效、合理地利用通信线路。多路复用示意图如图 2-5 所示。

多路复用技术可分为频分多路复用、时分多路复用和波分多路复用。

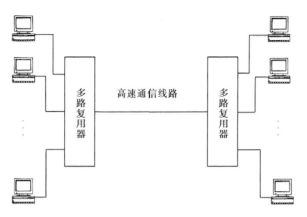

图 2-5　多路复用示意图

2.4.1　频分多路复用（Frequency Division Multiplexing，FDM）

不同的传输媒体有不同的带宽，频分多路复用技术将各路信号分别调制到不同的频段进行传输，多用于模拟通信。频分多路复用就是将用于传输信道的总带宽划分成若干个子频带（或称子信道），每一个子信道传输一路信号，要求总频率宽度大于各个子信道频率之和，同时，为了保证各子信道中所传输的信号互不干扰，应在各子信道之间设立隔离带。

频分复用技术的特点是所有子信道传输的信号以并行的方式工作，每一路信号传输时可不考虑传输时延（即数据从网络的一端传送到另一端所需的时间），因而频分复用技术取得了非常广泛的应用，如无线电广播、电视等，在数据通信系统中应和调制解调技术结合使用。

2.4.2　时分多路复用（Time Division Multiplexing，TDM）

时分多路复用技术是利用时间上离散的脉冲组成相互不重叠的多路信号，广泛应用于数字通信。由于信道的位传输率超过每一路信号的数据传输率，因此可将信道按时间分成若干个时间片轮流地分配给多个信号使用。每一时间片由复用的一个信号单独占用，在规定的时间内，多个数字信号都可按要求传输到达，从而也实现了一条物理信道上传输多个数字信号。

时分多路复用又分为同步时分多路复用（Synchronous TDM，STDM）和异步时分多路复用（Asynchronous TDM，ATDM），也叫统计时分复用技术。STDM 采用固定时间片分配方式，而 ATDM 能动态地按需分配时隙（即不需要发送数据的用户不分配时间片）。

时分多路复用的特点：多条低速线路轮流使用同一条高速线路进行线路传输。时分多路复用主要用于数字信道的复用，如电话的主干线路等。

频分多路复用与时分多路复用的区别如下：

① 微观上，频分多路复用的各路信号是并行的，而时分多路复用是串行的。

② 频分多路复用较适合于模拟信号，而时分多路复用较适用于数字信号。

2.4.3　波分多路复用（Wavelength Division Multiplexing，WDM）

波分多路复用技术是在光波频率范围内，把不同波长的光波，按一定间隔排列在一根光纤中传送。波分多路复用是将两种或多种不同波长的光载波信号（携带各种信息）在发送端经复用器（也称合波器，Multiplexer）汇合在一起，并耦合到光线路的同一根光纤中进行传输的技术；在接收端，经解复用器（也称分波器或去复用器，Demultiplexer）将各种波长的光载波分离，然后由光接收机作进一步处理以恢复原信号。

波分多路复用在概念上与频分多路复用相似，因此也称为光的频分复用。它应用于光纤组成的网络中，在今后的高速光纤网络中将有广泛的应用前景。

2.5 数据交换技术

各种数据通过编码后要在通信线路上传输，它一般通过一个由多个结点组成的中间网络把数据从源点转发到目的点，这个中间网络也叫交换网，组成交换网的结点叫交换结点。一般的数据交换网络如图2-6所示。

数据交换有三大类：电路交换方式、报文交换和报文分组交换方式。其中，报文交换和报文分组交换方式属于存储交换方式。

图2-6 一般的数据交换网络

2.5.1 电路交换

电路交换也叫线路交换，它就是通过中间交换结点在两个通信点之间建立一条专用的通信线路。最常用的是电话系统。

应用电路交换进行通信的过程有：

① 线路建立。在数据传输前，须通过网络结点建立一条端到端的物理连接。

② 传输数据。被传输的数据可以是数字数据，也可以是模拟数据。

③ 线路释放。数据传输结束后，可由任意一端点发送撤除物理链路的信号，此信号将传输到电路所经过的所有结点，释放资源。

2.5.2 报文交换和分组交换

报文交换和报文分组交换方式属于存储交换方式。存储交换也叫存储转发，输入的信息在交换设备控制下，先在存储区暂存，并对存储的信息进行处理，待指定输出线路空出后，再分别将信息转发出去。

1. 报文交换

报文交换不要求在两个通信结点之间建立专用通路。整个报文先传输到相邻的结点，全部存储下来后查找转发表，转发到下一个结点。该报文中含有目标结点的地址，完整的报文在网络中一站一站地向前传送。

2. 分组交换

报文交换要求中间结点必须具有大容量存储报文和高速分析处理报文的功能，增加了中间结点的成本。为了解决这个问题，提出了分组交换技术。分组交换仍采用存储—转发传输方式，但将一个长报文先分割为若干个较短的分组，将单个分组（报文的一部分）传送到相邻结点，存储下来后查找转发表，转发到下一个结点。

分组交换适用于交互式通信，如终端与主机通信，它是计算机网络中使用最广泛的一种交换技术。分组交换有虚电路分组交换和数据报分组交换两种。

① 虚电路分组交换。在虚电路分组交换中，为了进行数据传输，数据发送之前，网络的源结点和目的结点之间要先建立一条逻辑通路。每个分组除了包含数据之外，还包含一个虚电路标识符。

② 数据报分组交换。在数据报分组交换中，每个分组的传送是被单独处理的。每个分组称为一个数据报，每个数据报自身携带足够的地址信息。由于各数据报所走的路径不一定相同，因此不能保证每个数据报按顺序到达目的地，有的数据报甚至会中途丢失。

2.6 局域网介质访问控制方式

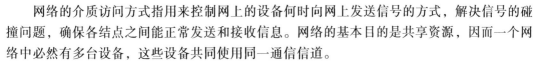

网络的介质访问方式指用来控制网上的设备何时向网上发送信号的方式，解决信号的碰撞问题，确保各结点之间能正常发送和接收信息。网络的基本目的是共享资源，因而一个网络中必然有多台设备，这些设备共同使用同一通信信道。

局域网中常用的介质访问方式分为两类：争用方式和令牌传递方式。

2.6.1 争用方式（CSMA 和 CSMA/CD）

争用方式是基于一种"先来先用"的方式使用信道，也就是只要用户有数据要发就让它们发。简单的争用方式中，每个站点都是想发就发，发生碰撞的可能性是很大的，其信道利用率不高，理论计算表明，这种方式的信道利用率最多只在 18%。

1. CSMA

载波侦听多路访问（Carrier Sense Multiple Access，CSMA）是为了克服信号争用的低效率性，使一个站不能随意地发送信号，在发送信号前要先对线路进行监听，确定有无信号（载波）再传送。

CSMA 可以细分为三类，即：1-坚持 CSMA、非坚持 CSMA 和 P-坚持 CSMA。

① 1-坚持 CSMA，又称坚持 CSMA，当某站要发送数据时，先监听信道，若信道忙，就坚持监听，直到信道空闲为止，当空闲时立即发送一帧。若两个站同时监听到信道空闲，立即发送，必定冲突，即冲突概率为 1，故称之为 1-坚持。假如有冲突发生，则等待一段时间后再监听信道。

② 非坚持 CSMA：当某站监听到信道忙状态时，不再坚持监听，而是随机后延一段时间再来监听。其缺点是很可能在再次监听之前信道已空闲了，从而产生浪费。

③ P-坚持 CSMA：这种方式适合于分槽信道，当某站准备发送信息时，它首先监听信道，若空闲，便以概率 P 传送信息，而以概率（$1-P$）推迟发送。如果该站监听到信道为忙，就等到下一个时间槽再重复上述过程。P-坚持 CSMA 可以算是 1-坚持 CSMA 和非坚持 CSMA 的折中，这两者算是 P-坚持算法的特例，即 P 分别等于 1 和 0 时的情形。

对于 P-坚持 CSMA，如何选择 P 值，需要考虑如何避免在重负载情况下系统处于不稳定状态。假如当介质忙时，有 N 个站有数据等待发送，则当前的发送完成时，有 NP 个站企图发送，如果选择 P 过大，使 $NP>1$，则冲突不可避免。为避免冲突应使 $NP<1$，否则通道利用率会大大降低。

三种 CSMA 的发送过程如图 2-7 所示。

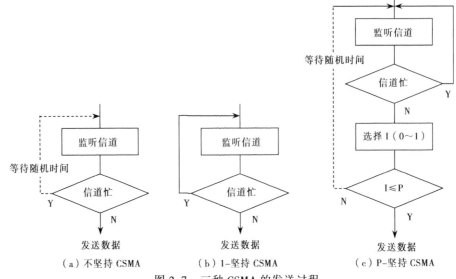

（a）不坚持 CSMA　　　（b）1-坚持 CSMA　　　（c）P-坚持 CSMA

图 2-7　三种 CSMA 的发送过程

2．CSMA/CD

载波监听多路访问 CSMA/CD 是一种重要的协议，广泛用于总线型或树状局部网络。CSMA/CD 是带有冲突检测的 CSMA，其基本思想是：当一个结点要发送数据时，首先监听信道；如果信道空闲就发送数据，并继续监听；如果在数据发送过程中监听到了冲突，则立刻停止数据发送，等待一段随机的时间后，重新开始尝试发送数据，其发送过程如图 2-8 所示。

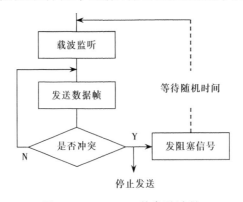

图 2-8　CSMA/CD 的发送过程

CSMA/CD 的发送流程可以简单地概括为：先听先发、边听边发、冲突停止、延迟重发。冲突检测是发送结点在发送的同时，将其发送信号波形与接收到的波形相比较。

CSMA/CD 的控制过程包括以下 4 个步骤：

① 载波监听：在通信系统中，为了便于音频信号的发送、监测和接收，用较高频率的信号携带音频信号在线路上传输，该高频信号成为"载波"。载波监听是指用电子技术检测总线上有没有其他计算机发送的数据信号，以免发生冲突。

② 冲突检测：在每个站发送帧期间，同时具有检测冲突的能力。一旦遇到冲突，立即停止发送，并向总线发送阻塞信号，通报总线上各站点已发生冲突。

③ 多路访问：当检测到冲突并发送阻塞信号后，为了降低再次冲突的概率，需要等待一个随机时间（冲突的各站可不相等），然后用 CSMA 的算法重新发送。

④ 争用方式：连在总线上的每个结点都能随时发送信息，但在同一时刻只允许一对结点通信，若两个或多个结点同时发送会导致信号相互叠加，造成数据错误，这是线路争用带来的问题。

以太网（Ethernet）采用带冲突检测的 CSMA/CD 机制，并使用二进制指数后退和 1-坚持算法。以太网中，结点都可以看到在网络中发送的所有信息，因此，我们说以太网是一种广播网络（以太网的相关知识会在第 3 章中详细介绍）。

注意：为了避免无限次的冲突检测，通常对各站点设置冲突检测次数，Ethernet 设备的冲突次数为 16。若达到设定次数，则被视为线路故障，结束发送。

3．CSMA/CA

如果说 CSMA/CD 是带有冲突检测的载波监听多路访问，可以检测，但无法"避免"冲突，那么 CSMA/CA 是带有冲突避免的载波监听多路访问，它不能检测到信道上有无冲突，只能尽量"避免"。

CSMA/CA 协议的工作流程分为两个：

① 送出数据前，监听信道，等信道空闲维持一段时间后，再等待一段随机的时间后依然没有人使用，才送出数据。由于每个设备采用的随机时间不同，所以可以减少冲突的机会。

② 送出数据前，先送一段小小的请求传送报文（RTS），只有在接收到返回的 CTS 报文后，才开始传送。利用 RTS-CTS 握手程序，确保接下来传送资料时不会被碰撞。

CSMA/CA 通过这两种方式来提供无线的共享访问，虽然避免了碰撞的发生，但与类似的 Ethernet 网比较总在性能上稍逊一筹。比如苹果公司的 LocalTalk 协议中采用了 CSMA/CA 算法，其传输速度大约是标准以太网的 CSMA/CD 的 1/40。

2.6.2 令牌传递方式

1．令牌环技术（Token Ring）

令牌环技术用于广域网和局域网。IEEE 802.5 的令牌环是一种局域网标准，是 IBM 公司于 20 世纪 80 年代初开发成功的一种网络技术。

令牌环在物理上不是一条连续的环，是由一段一段的点到点的线路首尾相连而成。通过在环状网上传递令牌的方式来实现对介质访问控制。在令牌环网中，在某一时刻也只允许一个结点发送数据。令牌环上传输的数据格式（帧）有两种：令牌和常规帧。为了不产生冲突，环中有一个特殊格式的帧沿固定方向不停的流动，这个帧称为令牌，是用来控制各个结点介质访问权限的控制帧。按照 IEEE 802.5 标准，令牌环中的物理连线采用 1～4 Mbit/s 的屏蔽双绞线。

令牌环的管理主要包括：

① 截获令牌并且发送数据帧。如果没有结点需要发送数据，令牌就由各个结点沿固定的顺序逐个传递；如果某个结点需要发送数据，它要等待令牌的到来，当空闲令牌传到这个结点时，该结点修改令牌帧中的标志，使其变为"忙"的状态，然后去掉令牌的尾部，加上数据，成为数据帧，发送到下一个结点。

② 接收与转发数据。数据帧每经过一个结点，该结点就比较数据帧中的目的地址，如果不属于本结点，则转发出去；如果属于本结点，则复制到本结点的计算机中，同时在帧中设置已经复制的标志，然后向下一结点转发。

③ 取消数据帧并且重发令牌。由于环网在物理上是个闭环，一个帧可能在环中不停的流动，所以必须清除。当数据帧通过闭环重新传到发送结点时，发送结点不再转发，而是检查发送是否成功。如果发现数据帧没有被复制（传输失败），则重发该数据帧；如果发现传输成功，则清除该数据帧，并且产生一个新的空闲令牌发送到环上。

2. 令牌总线（Token Bus）

令牌总线的技术标准由 IEEE 802.4 定义。

CSMA/CD 采用用户访问总线时间不确定的随机竞争方式，有结构简单、轻负载、时延小等特点，但当网络通信负荷增大时，由于冲突增多、网络吞吐率下降、传输延时增加，性能明显下降。令牌环在重负荷下利用率高，网络性能对传输距离不敏感。但令牌环网控制复杂，并存在可靠性保证等问题。

令牌总线是综合 CSMA/CD 与令牌环两种介质访问方式的优点的基础上而形成的，是一种在总线拓扑中利用"令牌"作为控制结点访问公共传输介质的确定型介质访问控制方法。

令牌总线网在物理上是总线网，而在逻辑上是环状网。在令牌总线网络中，任何一个结点只有在拿到令牌后才能在共享总线上发送数据。若结点不需发送数据，则将令牌交给下一个结点。交出令牌的条件：该结点没有数据帧等待发送；该结点已经发完；令牌持有最大时间到。

令牌总线的特点在于它的确定性、可调整性及较好的吞吐能力，适用于对数据传输实时性要求较高或通信负荷较重的应用环境中，如生产过程控制领域。缺点在于它的复杂性和时间开销较大，结点可能要等待多次无效的令牌传送后才能获得令牌。

本章小结

本章对数据通信的基础知识进行了介绍。它涉及计算机数据通信系统的组成、数据传输的方式、数据编码技术和调制技术、多路复用技术、数据交换技术以及局域网介质访问控制方式等。这些相关基础知识虽然简单，但作为学习计算机网络是首先应该了解的必备知识。

习　题

一、填空题

1. 计算机网络中传输的信号是_____、_____。
2. 计算机网络中信号的传输方式是_____、_____。
3. 主要用于数字信号传输的信号方式是_____。
4. 使用频分多路复用技术的信号方式是_____。
5. 具有一定编码格式和位长要求的数字信号被称为_____。
6. _____是指比音频更宽的频带。
7. _____传送就是以字符为单位一个字节一个字节的传送。
8. 争用方式是采用_____方式使用通道。
9. 介质访问方式是用来解决信号的_____。

10. 在简单争用方式下信道的利用率为_____。

11. 为避免冲突，在 P-坚持 CSMA 方式下，应使 NP 的值_____。

12. 在 Ethernet 中采用 CSMA/CA 算法比在 LocalTalk 协议中采用 CSMA/CA 算法传输速度快_____倍。

13. 在令牌环中环接口有_____种工作状态。

14. 令牌网环网的国际标准是_____。

15. IEEE 802.2 令牌环网的编码方式是_____。

二、选择题

1. 计算机网络技术是（　　　　）结合的产物。

    a. 硬件   b. 计算机技术   c. 软件   d. 通信技术

    A. a 和 b   B. b 和 d   C. a 和 c   D. c 和 d

2. 计算机网络中传输的信号是（　　　　）。

    a. 数字信号   b. 模拟信号

    A. 只有 a   B. 只有 b   C. a 和 b   D. 都不是

3. 计算机网络中信号的传输方式是（　　　　）。

    a. 基带传输   b. 窄带传输   c. 宽带传输

    A. 只有 a   B. 只有 b   C. a 和 b   D. a 和 c

4. 主要用于数字信号传输的信号方式是（　　　　）。

    a. 基带传输   b. 宽带传输

    A. a   B. b   C. a 和 b   D. 都不是

5. 使用"频分多路复用"技术的信号方式是（　　　　）。

    a. 基带传输   b. 宽带传输

    A. a   B. b   C. a 和 b   D. 都不是

第3章

局域网基础

局域网是在小型计算机和个人计算机的普及和推广后发展起来的，是目前应用最广泛的网络之一。由于局域网具有组网灵活、成本低、使用方便、技术简单等特点，已经成为当前计算机网络技术领域中最活跃的一个分支。本章将主要介绍计算机局域网的基本知识。

3.1 局域网的相关概念与标准

3.1.1 局域网的概念

局域网的英文全称是"Local Area Network"，缩写为"LAN"，中文意思就是"局部区域网络"，即计算机局部区域网。它是在一个局部的地理范围内，将各种计算机、外围设备、数据库等相互连接起来组成的计算机通信网。由此可以看出，它包括三方面的含义。

① 局域网所覆盖的地理范围小。

② 局域网中所连接的数据通信设备的含义是广义的，它包含了在传输介质上进行通信的各种设备，如计算机和各种外围设备等。

③ 局域网是为数据传输而构建的一种通信网络。

3.1.2 局域网的特点

局域网主要有以下几个特点：

① 局域网覆盖的地理范围一般从几十米到几千米，主要用于单位内部，可以是一栋建筑物、一个企业、一所学校，或者是一个政府部门内的计算机网络。

② 局域网数据传输速率高（10～1 000 Mbit/s），误码率低，具有较低的时延。

③ 局域网安全性好，便于管理维护，组建的局域网一般范围较小，多为一个单位使用，所以在网络的管理、维护和扩充升级上都比较方便。

④ 局域网的范围有限，无论硬件系统还是软件系统，网络的安装成本都不高。

⑤ 局域网可以根据不同的性能需要选用不同的传输介质：双绞线、同轴电缆、光纤以及无线传输介质。

⑥ 局域网中常用的介质控制访问方式有：Ethernet、Token Ring、FDDI、ATM 等。因此，按介质访问控制方法的角度可以分为以太网（Ethernet）、令牌环网（Token Ring）、FDDI 网、ATM 网等。

⑦ 局域网按网络的转接方式可以分为两类：共享介质局域网与交换式局域网。共享介

质局域网可分为以太网、令牌总线、令牌环与 FDDI 网等。交换式局域网已经成为当前局域网技术的主流，可分为交换式以太网与 ATM 网络，以及在此基础上发展起来的虚拟局域网。

3.1.3　局域网的基本组成

局域网从逻辑上来说由资源子网和通信子网组成，资源子网包括分布在各个结点的服务器、工作站等计算机、网络操作系统等软件资源；通信子网包括传输介质、网卡、通信线路、通信设备与通信协议软件。

局域网从资源构成上来说由网络硬件和网络软件组成。

1．网络硬件

① 服务器：为局域网提供共享资源的基本设备。

② 工作站：是网络用户进入局域网的结点，使用户能在网络环境中工作，访问网络共享资源的计算机系统，通常又被称为客户机（Client）。

③ 网络接口卡（Network Interface Adapter，NIA）：又称网络适配器，简称网卡，是局域网中的通信处理机，实现了计算机和网络的物理硬件的连接。

④ 传输介质：同轴电缆、双绞线、光纤和无线电波。

⑤ 网络设备：集线器（Hub）、交换机（Switch）、中继器（Repeater）、路由器（Router）和网桥（Bridge）等。

2．网络软件

① 网络操作系统：用户与局域网之间的接口，如 Novell，Windows Server，Linux，UNIX 等。

② 网络协议：NetBEUI 协议、IPX/SPX 及其兼容协议和 TCP/IP 协议。

3.1.4　局域网的工作模式

1．对等型局域网

对等型局域网不使用专用服务器，各站点既是网络服务提供者（服务器），又是网络服务申请者（工作站），也称为点对点网络（Peer To Peer）。

特点：对等网建网容易，易于维护，适用于微机数量较少、布置较集中的单位。

优点：所有结点一律平等，成本较低。

缺点：负载较重时，速度较慢，缺乏对资源的集中管理，安全性较低。

2．服务器型局域网

服务器型局域网也称为客户机/服务器（C/S）模式局域网。在服务器局域网中，通常有一台或一台以上服务器专门用来提供软件、硬件资源的共享服务。服务器要求是性能好、系统稳定、大容量硬盘的计算机。

特点：网络中结点的地位和分工不同——服务器提供资源，客户机使用资源。

优点：对资源进行集中管理、安全性较高。

缺点：成本较高，所有客户机的注册登录和资源访问受服务器控制。

3.1.5　IEEE 802 标准

一般来说，局域网标准是指 IEEE 802 委员会负责制定的局域网标准。

1980 年 2 月，电气与电子工程师协会（Institute of Electrical and Electronics Engineers，IEEE）成立了局域网标准委员会（简称 IEEE 802 委员会），专门从事局域网标准化工作，并制定了 IEEE 802 标准，并被国际标准化组织（ISO）采纳，作为局域网的国际标准。1985 年公布了 5 项标准，同年被 ANSI 采用作为美国国家标准，ISO 也将其作为局域网的国际标准，称为 ISO 802，后来又进行了多项标准扩展，其中使用最广泛的标准是以太网、令牌环、令牌总线、无线局域网、虚拟网等。

IEEE 802 为局域网制订了一系列标准，主要包含以下内容：

① IEEE 802.1 标准，定义了局域网体系结构、网络互联，以及网络管理与性能测试。

② IEEE 802.2 标准，逻辑链路控制。定义了逻辑链路控制（LLC）子层功能与服务。

③ IEEE 802.3 标准，CSMA/CD。定义了 CSMA/CD 总线介质访问控制子层和物理层规范。在物理层定义了四种不同介质的 10 Mbit/s 的以太网规范，包括 10Base-5（粗同轴电缆）、10Base-2（细同轴电缆）、10Base-F（多模光纤）和 10Base-T（无屏蔽双绞线 UTP）。另外，到目前为止，IEEE 802.3 工作组还开发了一系列标准：

- IEEE 802.3u 标准，100 Mbit/s 快速以太网标准，现已合并到 IEEE 802.3 中。
- IEEE 802.3z 标准，光纤介质千兆以太网标准规范。
- IEEE 802.3ab 标准，传输距离为 100 m 的 5 类无屏蔽双绞线千兆以太网标准规范。
- IEEE 802.3ae 标准，万兆以太网标准规范。

④ IEEE 802.4 标准，令牌总线网。定义了令牌总线（Token Bus）介质访问控制子层与物理层规范。

⑤ IEEE 802.5 标准，令牌环网。定义了令牌环（Token Ring）介质访问控制子层与物理层规范。

⑥ IEEE 802.6 标准，城域网。定义了城域网（MAN）介质访问控制子层与物理层规范。

⑦ IEEE 802.7 标准，宽带技术。定义了宽带时隙环介质访问控制方法及物理层技术规范。

⑧ IEEE 802.8 标准，光纤技术。定义了光纤网介质访问控制方法及物理层技术规范。

⑨ IEEE 802.9 标准，综合语音数据局域网。定义了综合语音与数据局域网（IVD LAN）介质访问控制方法及物理层技术规范。

⑩ IEEE 802.10 标准，局域网信息安全技术。定义了可互操作的局域网安全性规范（SILS）。

⑪ IEEE 802.11 标准，无线局域网。定义了无线局域网介质访问控制方法和物理层规范，主要包括：

- IEEE 802.11a，工作在 5 GHz 频段，传输速率为 54 Mbit/s 的无线局域网标准。
- IEEE 802.11b，工作在 2.4 GHz 频段，传输速率为 11 Mbit/s 的无线局域网标准。
- IEEE 802.11g，工作在 2.4 GHz 频段，传输速率为 54 Mbit/s 的无线局域网标准。

⑫ IEEE 802.12 标准，高速局域网。定义了 100VG-AnyLAN 快速局域网访问方法和物理层规范。

⑬ IEEE 802.14 标准，有线电视网。定义了交互式电视网（Cable Modem）技术。

⑭ IEEE 802.15 标准，无线个人局域网。定义了无线个人局域网（WPAN），包括蓝牙技术的所有技术参数。

⑮ IEEE 802.16 标准，宽带无线局域网。定义了宽带无线局域网技术，包括固定宽带无线访问的无线界面、宽带无线访问系统的共存。

⑯ IEEE 802.17 标准，定义了弹性分组环（RPR）标准。

⑰ IEEE 802.18 标准，定义了宽带无线局域网标准规范。

3.1.6 局域网结构

局域网结构就是对各种数据通信设备提供互联的通信网。需要注意 5 点：

① 局域网是一种通信网。

②"数据通信设备"这一术语可粗略地解释为传输媒体上通信的任何设备，包括计算机、终端、外围设备、传感器（如温度、湿度、安全报警传感器等）、电话、电视发送机和接收机，以及传真机等。

③ 局域网的地理区域较小。

④ 目前局域网的数据传输率一般大于 10 Mbit/s，可达 1 Gbit/s。

⑤ 局域网的传输媒体常用的是光缆和双绞线；无线局域网正在发展中，逐渐占有一定的市场份额。

3.1.7 局域网的媒体访问控制

局域网通过电缆把一个大楼内的通信结点链接在一起，或者把邻近几个大类的通信结点链接在一起。局域网的两个重要考虑是网络结点（如计算机）的布局和媒体（或连接点的电缆）。典型的结点是台式机。

一般地说，我们可以将访问控制技术分为同步或者异步两大类。在同步技术下，每个连接被分配以一个专用的规定传输容量。在局域网中，这样的技术不是最佳的，因为各个站的需要一般是不能预料的，因而最好是能以一种异步（动态）方式来分配传输量，或多或少地可响应于立即的需要。异步方法可以进一步划分成循环、预约和竞争三类：

① 循环。循环技术在概念上是简单的，它以"每个站点轮流发送"的原理为基础，依次给每个站点发送机会。

② 预约。对于平衡流式的业务，预约技术是相当合适的。其典型是将媒体上的时间分成许多时间间隔，这与同步分时复用（TDM）十分相似。当要发送时，一个站需要预约未来的某个扩充的或未加限定的周期内的时隙。

③ 竞争。对于突发式业务，竞争技术通常是合适的，采用这类技术时，不是使用控制来决定轮到哪个站发送，所有的站都以比较粗糙和杂乱的方法来争夺时间，在性质上，这类技术必是分布式的。其主要的优点是它们实现简单，以及在轻负荷至中等负荷下效率较高。

3.2 以太网

目前在局域网中常见的有：以太网（Ethernet）、令牌环网（Token Ring）、光纤分布式数据接口、异步传输模式网（ATM）等几类（见图 3-1）。局域网经过了 30 多年的发展，以太网已经在局域网市场中占据了绝对优势，几乎成为局域网的同义词，因此，本节主要讨论以太网。

以太网最初是由美国 Xerox 公司和 Stanford 大学联合开发并于 1975 年提出的，目的是为了把办公室工作站与昂贵的计算机资源连接起来，以便能从工作站上分享计算机资源和其他硬件设备。在 1980 年由 DEC、Intel 和 Xerox 三家公司联合开发为一个标准，定义了 Ethernet

的物理层和数据链路层的详细技术规范，于是，Ethernet 技术规范成为世界上第一个局域网的工业标准。

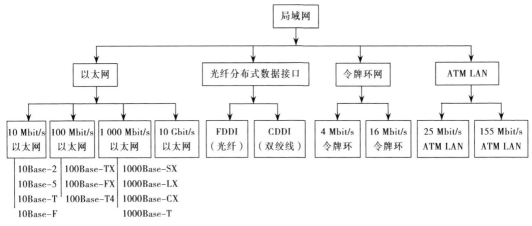

图 3-1　常见局域网分类

发展至今，以太网经历了标准以太网（10 Mbit/s）、快速以太网（100 Mbit/s）和千兆以太网（1 000 Mbit/s）（又称吉比特以太网）三大阶段，并继续提高至万兆以太网（即 10 Gbit/s）（又称 10 吉比特以太网），它们都符合 IEEE 802.3 系列标准规范。

3.2.1　以太网技术规范

1．以太网技术标准

IEEE 802.3 标准定义了 Ethernet 的技术规范，它由物理层和介质访问控制（MAC）层技术规范组成。

2．传输介质

最初的物理层规范定义了传输介质只是粗同轴电缆，即 10Base-5。后来，又根据需要定义了细同轴电缆（10Base-2）、UTP 双绞线（10Base-T）、光纤（10Base-F）以及宽带同轴电缆（10Broad-36）等，形成了一个物理层标准系列。

3．介质访问单元

介质访问单元 MAU（Medium Access Unit）包含了介质相关接口 MDI（Media Dependent Interface）和物理介质链接设备 PMA（Physical Media Attachment）两部分。

4．介质访问控制方法

Ethernet 采用争用型介质访问控制协议 CSMA/CD，具有较高的网络传输速率。

3.2.2　标准以太网

最开始，以太网的传输率只有 2.94 Mbit/s，它所使用的是 CSMA/CD 的访问控制方法，通常把这种最早期的 10 Mbit/s 以太网称之为标准以太网。以太网主要有两种传输介质，那就是双绞线和同轴电缆。

所有的以太网都遵循 IEEE 802.3 标准，下面列出的是 IEEE 802.3 的一些以太网络标准。在这些标准中前面的数字表示信号的传输速率，单位是"Mbit/s"，最后的一个数字表示单段网线长度（基准单位是 100 m），Base 表示信道上传输的是基带信号，Broad 代表"宽带"。

① 10Base-5 使用粗同轴电缆，最大网段长度为 500 m，传输速率为 10 Mbit/s。

② 10Base-2 使用细同轴电缆，最大网段长度为 185 m，传输速率为 10 Mbit/s。

③ 10Base-F 使用光纤传输介质，传输速率为 10 Mbit/s。

④ 1Base-5 使用双绞线电缆，最大网段长度为 500 m，传输速度为 1 Mbit/s。

⑤ 10Broad-36 使用同轴电缆（RG-59/U CATV），最大网段长度为 3 600 m。

⑥ 10Base-T 使用双绞线电缆，最大网段长度为 100 m，传输速度为 10 Mbit/s，其标准为 IEEE 802.3i，是 IEEE 802.3 标准的直接扩展。

10Base-T 在网络拓扑结构上采用了以 10 Mbit/s 集线器或 10 Mbit/s 交换机为中心的星状拓扑结构，将星状拓扑引入到以太网中。10BASE-T 以太网的出现得到了广泛的认可和应用，从而使以太网从共享以太网时代进入了交换以太网阶段。

3.2.3 快速以太网（Fast Ethernet）

1．概述

随着网络的发展，传统标准的以太网技术已难以满足日益增长的网络数据流量速度需求。在 1993 年 10 月以前，对于要求 10 Mbit/s 以上数据流量的 LAN 应用，只有光纤分布式数据接口（FDDI）可供选择，但它是一种价格非常昂贵的、基于 100 Mbit/s 光缆的 LAN。IEEE 802 工程组对 100 Mbit/s 以太网的各种标准，如 100BASE-TX、100BASE-T4、MII、中继器、全双工等标准进行了研究。1995 年 3 月 IEEE 宣布了 IEEE 802.3u 100BASE-T 快速以太网标准（Fast Ethernet），就这样开始了快速以太网的时代。

2．技术特点

快速以太网与原来在 100 Mbit/s 带宽下工作的 FDDI 相比具有许多的优点，最主要体现在用户只需更换一个适配器，再配上一个 100 Mbit/s 的集线器，就可以很方便地由 10BASE-T 以太网直接升级到 100BASE-T，而不需要改变网络的拓扑结构。快速以太网支持 3、4、5 类双绞线以及光纤的连接，能有效地利用现有的设施。

快速以太网仍基于载波侦听多路访问和冲突检测（CSMA/CD）技术，当网络负载较重时，会造成效率的降低，当然这可以使用交换技术来弥补。

3．物理层标准

100 Mbit/s 快速以太网标准又分为：100BASE-TX、100BASE-FX、100BASE-T4 三个子类，在这三种 100Base-T 物理层中，都是由物理编码子层和物理介质相关（PMD）子层组成。

① 100BASE-TX：是一种使用 5 类数据级无屏蔽双绞线 UTP 或屏蔽双绞线 STP 的快速以太网技术。它使用 2 对双绞线，其中，1 对用于发送，1 对用于接收数据。在传输中使用 4B/5B 编码方式，信号频率为 125 MHz。符合 EIA586 的 5 类布线标准和 IBM 的 SPT 1 类布线标准。使用同 10BASE-T 相同的 RJ-45 连接器。它的最大网段长度为 100 m，支持全双工的数据传输。

② 100BASE-FX：是一种使用光缆的快速以太网技术，可使用单模和多模光纤（62.5 μm 和 125 μm）。多模光纤连接的最大距离为 550 m。单模光纤连接的最大距离为 3 000 m。在传输中使用 4B/5B 编码方式，信号频率为 125 MHz。它使用 MIC/FDDI 连接器、ST 连接器或 SC 连接器。它的最大网段长度为 150 m、412 m、2 000 m 或更长至 10 km，这与所使用的光纤类型和工作模式有关，它支持全双工的数据传输。100BASE-FX 特别适用于有电气干扰的环境、较大距离连接或高保密环境等情况下使用。

③ 100BASE-T4：是一种可使用 3、4、5 类无屏蔽双绞线 UTP 或屏蔽双绞线 STP 的快速以太网技术。它使用 4 对双绞线，其中，3 对用于传送数据，1 对用于检测冲突信号。在传输中使用 8B/6T 编码方式，信号频率为 25 MHz，符合 EIA586 结构化布线标准。它使用与 10BASE-T 相同的 RJ-45 连接器，最大网段长度为 100 m。

100BASE-TX、100BASE-FX、100BASE-T4 可以通过一个中继器或集线器实现混合连接，集成到同一个网络中。

3.2.4　吉比特以太网（GB Ethernet）

1. 概述

随着以太网技术的深入应用和发展，企业用户对网络连接速度的要求越来越高，1995 年 11 月，IEEE 802.3 工作组委任了一个高速研究组（Higher Speed Study Group），研究将快速以太网速度增至更高。该研究组研究了将快速以太网速度增至 1 000 Mbit/s 的可行性和方法。1996 年 6 月，IEEE 标准委员会批准了千兆位以太网方案授权申请（Gigabit Ethernet Project Authorization Request）。随后，IEEE 802.3 工作组成立了 802.3z 工作委员会，专门负责研究建立千兆以太网及其标准，并于 1998 年 6 月正式公布关于千兆位以太网的标准：包括在 1 000 Mbit/s 通信速率情况下的全双工和半双工操作、802.3 以太网帧格式、载波侦听多路访问和冲突检测（CSMA/CD）技术、在一个冲突域中支持一个中继器（Repeater）、向下兼容 10BASE-T 和 100BASE-T 技术的千兆位以太网，还兼具以太网的易移植、易管理特性。千兆以太网在处理新应用和新数据类型方面具有灵活性，它是在 10 Mbit/s 和 100 Mbit/s IEEE 802.3 以太网标准的基础上的延伸，提供了 1 000 Mbit/s 的数据带宽。这使得千兆位以太网成为高速、宽带网络应用的战略性选择。

2. 技术特点

吉比特以太网具有如下特点：

① 简单性。吉比特以太网保留了以太网的简单性，包括技术原理、安装实施和管理维护等。

② 兼容性。吉比特以太网保留了以太网的基础技术，采用相同的 LLC 和 CSMA/CD 协议及相同的帧格式、帧大小，支持全双工/半双工方式，具有良好的向下兼容性，确保网络升级的平滑过渡。

③ 灵活性。吉比特以太网仍采用星状网络结构，使用、管理、维护和升级都非常灵活。

④ 可靠性。吉比特以太网保持了以太网的结构化布线系统，以及安装、维护和管理方法，具有很高的可靠性。

⑤ 经济性。由于吉比特以太网是以太网技术的直接升级，它一方面降低了开发、培训、管理、维护所需的成本；另一方面由于以太网是应用最广泛的局域网，因此，吉比特以太网的市场很大，很多网络厂商都生产吉比特以太网产品，市场激烈竞争的结果是价格不断下降，从而使建网的整体成本不断下降。

⑥ 可管理性。吉比特以太网采用结构化布线系统、简单网络管理协议（SNMP）和远程监控协议（RMON），网络管理、维护简单方便。

⑦ 服务质量（QoS）。吉比特以太网产品大都支持 IEEE802.1P 标准，提供优先级服务质量，能确保某些关键应用。

3．物理层标准

吉比特以太网的物理层包括 1000Base-SX、1000Base-LX、1000Base-CX 和 1000Base-T 四个协议标准。

① 1000Base-SX。1000Base-SX 采用 62.5μm 或 50μm 的多模光纤，工作波长为 820 nm，传输距离分别为 260 m、525 m，采用 8B/10B 编码方法，适用于作为大楼同一层的短距离主干网。

② 1000Base-LX。1000Base-LX 采用 62.5μm 或 50μm 的多模光纤和 9μm 的单模光纤。多模光纤传输距离分别为 250 m、550 m，工作波长为 850 nm，适用于大楼主干网；单模光纤的传输距离为 3 km，工作波长 1 300 nm，数据编码采用 8B/10B 编码，适用于园区主干网。

③ 1000Base-CX。1000Base-CX 采用 150Ω 的平衡性屏蔽双绞线（STP），传输速率为 1.25 Gbit/s，传输效率为 80%，传输距离为 25 m，数据编码采用 8B/10B 编码，主要用于短距离集群设备的连接，如一个交换机房的设备互联。

④ 1000Base-T。1000Base-T 采用 4 对 5 类/超 5 类 UTP 电缆，在 4 对铜缆上双向传输，信号频率为 125 MHz，获得全双工通信，每对传输速率为 250 Mbit/s，4 对总传输速率为 1Gbit/s，传输距离为 100 m，适用于大楼内主干网。

在物理层，吉比特以太网支持 3 种传输介质：光纤系统、宽带同轴电缆系统、5 类无屏蔽双绞线（UTP）。还定义了 3 种设备，简单中继器（Simple Repeater）、网络交换机（Network Switch）和缓冲分配器（Buffer Distributor）。

4．物理层协议

（1）协议结构

吉比特以太网协议结构如图 3-2 所示。

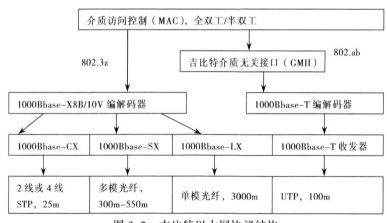

图 3-2　吉比特以太网协议结构

（2）介质访问控制（MAC）协议

吉比特以太网保持了经典以太网的主要技术特征，采用与以太网相同的帧格式及帧的大小，并采用全双工或半双工方式对传输介质进行访问。全双工方式可同时收发帧，不存在共享信道的争用问题，采用 IEEE 802.3x 全双工流量控制协议，适用于以交换机作为星状拓扑中心的交换以太网组网。半双工方式不能同时收发帧，采用 CSMA/CD 介质管理协议，适用于以集线器作为星状拓扑中心的共享以太网组网。高传输效率使得传输距离缩短，吉比特以太网采用载波扩展和数据包分组技术来解决网络问题。

（3）吉比特介质无关接口（GMII）

GMII 是 MAC 子层与物理层的接口，其作用是使 MAC 子层从较低层协议中脱离出来，从而使物理层能适应不同类型的传输介质。

3.2.5　10 吉比特以太网

IEEE 802.3 工作组于 2000 年正式制定 10 吉比特以太网标准，10 吉比特以太网仍使用与以往 10 Mbit/s 和 100 Mbit/s 以太网相同的形式，它允许直接升级到高速网络。同样使用 IEEE 802.3 标准的帧格式、全双工业务和流量控制方式。在半双工方式下，10 吉比特以太网使用基本的 CSMA/CD 访问方式来解决共享介质的冲突问题。此外，10 吉比特以太网使用由 IEEE 802.3 小组定义的和以太网相同的管理对象。

总之，10 吉比特以太网仍然是以太网，只不过更快。但由于其技术的复杂性及原来传输介质的兼容性问题（目前只能在光纤上传输，与原来企业常用的双绞线不兼容），还有这类设备造价太高，所以这类以太网技术目前还处于研发的初级阶段，还没有得到实质应用。

3.3　ATM 网络

传统信息网络传递主要采用两种形式，即电路交换（Circuit Switching）和分组交换（Packet Switching）。现有的电路交换和分组交换都难以胜任宽带的高速交换任务。对于电路交换，当数据传输突发性大时，交换控制复杂；对于分组交换，当数据传输速率很高时，协议数据单元的处理开销很大，实时性不强。

为了克服这些局限性，人们开始寻求一种新型的网络，能适应全部现有的和将来可能出现的业务，无论速率低至几 bit/s 或高到几 Gbit/s 的业务，都以同样的方式在网络中交换和传送，共享网络的资源。这是一种灵活、高效、经济的网络，它可以适应新技术、新业务的需要，并能充分、有效地利用网络资源。CCITT 将这种可统一处理声音、数据和其他服务的高速综合网络命名为宽带 ISDN，即 B-ISDN（Broadband Integrated Services Digital Network，宽带综合业务数字网）。

3.3.1　B-ISDN 网络

B-ISDN 的传输速率在 2 Mbit/s 以上，它是在窄带综合业务数字网（N-ISDN）的基础上发展起来的数字通信网络，其核心技术是采用异步传输模式（ATM）。

B-ISDN 的特点主要包括以下几点：

① B-ISDN 主要以光纤作为传输媒体。光纤的传输质量高，这保证了所提供的业务质量，同时减少网络运行中的差错诊断、纠错、重发等环节，提高了网络的传输速率，带来了高效率。因而 B-ISDN 可以提供多种高质量的信息传送业务，通常利用现有的网络终端、用户环路等网络资源。

② B-ISDN 以信元为传输、交换的基本单位。信元是固定格式的等长分组，以信元为基本单位进行信息转移，给传输和交换带来极大的便利；而以前的通信网通常以时隙为交换单元。

③ B-ISDN 利用了虚信道和虚通道。也就是说 B-ISDN 中可以做到"按需分配"网络资源，使传输的信息动态地占用信道。这使得 B-ISDN 呈现开放状态，具有很大的灵活性。

3.3.2 ATM 网络的基本概念

ATM（Asynchronous Transfer Mode，异步传输模式）是一种较新型的单元交换技术，是实现 B-ISDN 的业务的核心技术之一。同以太网、令牌环网、FDDI 网络等使用可变长度包技术不同，ATM 是以固定信元大小 53 B 为基础的一种分组交换和复用技术，有利于宽带高速交换。它支持不同速率的各种业务，是为多种业务设计的通用的面向连接的传输模式。在最底层以面向连接的方式传送。差错控制和流量控制在高层处理。ATM 集交换、复用、传输为一体，在复用上采用的是异步时分复用方式，通过信息的首部或标头来区分不同信道。

3.3.3 ATM 协议参考模型

ATM 标准主要由 ATM 用户层、ATM 适配层、ATM 层和 ATM 物理层组成，各层主要功能如表 3-1 所示。

表 3-1 ATM 分层协议模型各层功能表

层	子 层	功 能
ATM 用户层		各类应用（如 VOD） 传输协议（如 TCP） 互连协议（如 IP） ATM 协议（如信令）
ATM 适配层（AAL）	汇聚子层（CS）	将高层的 PDU 映射到 SAR 子层 高层 PDU 的定界 其他与 AAL 类型有关的服务
	拆装子层（SAR）	分段和重装
ATM 层		信元头的生成和提取 信元 VPI 和 VCI 变换 信元复用和解复用 用未分配信元实现信元速率的解耦 一般流量控制
ATM 物理层	传输汇聚子层（TC）	用空信元实现信元速率的解耦 HFC 生成和检验 信元定界 传输帧适配 传输帧生成和恢复
	物理介质相关子层（PMD）	位传输功能：位定时、同步、线路编码、光电转换 各层物理介质（如铜缆、同轴电缆、光纤）

① ATM 用户层（User Layer）：主要功能是支持各种用户服务。ATM 网络传输的信息可分成 5 个类型：A 类服务、B 类服务、C 类服务、D 类服务和 X 类服务（许可用户或厂家定义它们独自的服务类型）。

其基本模型如图 3-3 所示，可分为用户面、控制面与管理面。

② ATM 适配层（ATM Adaptation Layer，AAL）主要功能是适配从用户层面来的信息，即分割 ATM 信元格式或是将数据重组，以形成 ATM 网可利用格式。

AAL 保证不同的通信量类型，如语音、视频以及数据都被设置到正确的 QoS（Quality of Service）级别。

	管理面				
↓	控制面	用户面			
ATM 用户层	信号信令与控制	A 类 CBR 服务	B 类 VBR 服务	C 类 FR	D 类 SMDS
↑					

图 3-3　ATM 用户层基本模型

AAL 可分成两个子层：汇聚子层（CS）和拆装子层（SAR）。其中汇聚子层又可以细分为与应用程序有关的部分和对所有应用程序都通用的公共部分。

AAL 层基本模型如图 3-4 所示。

	管理面			
	控制面	用户面		
↓	适配层	AAL1	AAL2	AAL3/4 / ALL5
ATM 适配		CS 层（与应用有关部分）		
		CS 层（公共部分）		
		SAR 层		
↑				

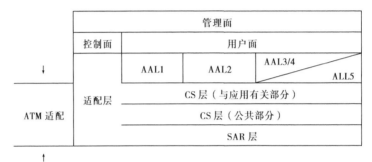

图 3-4　AAL 层基本模型

③ ATM 层：位于物理层之上，用于决定信元的结构、信元如何路由以及错误控制技术。ATM 的基本功能是负责生成信元，由 ATM 交换机和 ATM 的附属设备来完成。ATM 层也保证了一个电路的服务质量 QoS。

④ 物理层（Physical Layer）：ATM 模型的最下面一层，它由传输汇聚子层和物理介质相关层组成，ATM 物理层主要处理物理介质，负责信元编码并将信元交给物理介质。

3.3.4　ATM 交换技术

1. 虚信道和虚通路

虚信道（VC）就是两个或多个端点之间运送 ATM 信元的信道，与分组交换的虚电路相似。虚信道由信头中的虚信道标识符（VCI）来标识。

虚通路（VP）是指链路端点之间虚信道的逻辑联系。在传输过程中，虚通路就是在给定的参考点上具有同一虚通道标识符（VPI）的一群虚信道。

ATM 信元由 53 个字节组成，包括来自适配层 AAL 的 48 个字节载体和 5 个字节的信头组成。信头主要用来标明在异步时分复用上属于同一虚拟通路的信元，并完成适当的选路功能。信头包含了流量控制信息（GFC）、虚信道标识符（VCI）、虚通道标识符（VPI）、信元丢弃优先级（CLP）和误码控制（HEC）等有用的信息。其中 VCI 和 VPI 是最重要的，这两部分构成了一个信元的路由信息，即 ATM 信元中的寻址信息。

2. ATM 交换的特点

ATM 交换兼有电路交换的可靠性和分组交换的高效性，没有共享介质或包传递带来的延时，非常适合音频和视频数据的传输。它主要具有以下优点：

① ATM 使用相同的数据单元，可实现广域网和局域网的无缝连接。

② ATM 支持 VLAN（虚拟局域网）功能，可以对网络进行灵活的管理和配置。

③ ATM 具有不同的速率，分别为 25、51、155、622、1 000 Mbit/s，从而为不同的应用提供不同的速率。

3．局域网仿真

虽然 ATM 有很多优点，但是相比之下，其配置和使用比以太网等 LAN 都要复杂得多。用户希望在向 ATM 转化的过程中仍然保留现有 LAN 的业务，使得整个过渡能够平稳进行。为此 ATM 论坛定义了一种 ATM 业务，即局域网仿真（LAN Emulation，LANE）。

简单来说，LANE 是为了在 ATM 网络上传递传统的 LAN 帧，由边缘交换机或接入路由器提供的服务。

LANE 协议定义了仿真 IEEE 802.3 以太网或 IEEE 802.5 令牌环网的机制。定义了与现有 LAN 给网络层提供的服务相同的接口，在 ATM 网络中传输的数据以相应的 LAN MAC 分组格式封装。

仿真协议主要在 ATM 主机和 ATM LAN 桥上实现。ATM LAN 桥是局域网和 ATM 网间的转换器，采用 ALL5 协议对局域网数据作适配。它的作用是产生 ATM 信元，或重组 ATM 信元，恢复局域网的数据帧。ATM 主机在 ATM 适配层与高层协议间加入局域网仿真功能，使 ATM 主机模拟传统局域网设备的行为，与局域网通信。

3.3.5　ATM 局域网的类型

ATM 网络以星状拓扑结构为主，并可以构造任意网状的网络拓扑结构，各终端都可以占用传输路由，传输速率高，支持更大的最大传输单元（MTU）。ATM 技术是面向连接的技术，具有很大的灵活性，克服了快速以太网的局限性。

ATM 是现今唯一可同时应用于局域网、广域网两种网络应用领域的网络技术，它将局域网与广域网技术统一。

ATM 局域网有以下几种类型：

① 作为连接到 ATM 广域网的网关。ATM 交换机的作用好比路由器和集线器，把 LAN 连接到 ATM 广域网。

② 主干 ATM 交换机。可以是互连其他局域网的单个 ATM 交换机或者 ATM 交换机局域网。

③ 工作组 ATM。把高性能的多媒体工作站及其端系统直接连到 ATM 交换机。

一个 ATM 局域网可能是以上几种类型的组合。

3.4　局域网中常用的通信协议

在组建局域网的过程当中，经常会遇到选择和安装通信协议的问题，如果选择和安装了不合适的通信协议，往往会引发网络不通、网速太慢或网络不稳定等故障。可见，了解不同通信协议所适用的网络环境和操作系统非常重要。局域网中常用的通信协议主要包括 NetBEUI、IPX/SPX 和 TCP/IP 三种协议，每种协议都有其适用的应用环境。

3.4.1　NetBEUI 协议

NetBEUI（NetBIOS 增强用户接口）协议由 NetBIOS（网络基本输入输出系统）发展完善

而来，这是一种体积小、效率高、速度快的通信协议，只需进行简单的配置和较少的网络资源消耗，可以提供非常好的纠错功能。不过由于其有限的网络结点支持（最多支持 254 个结点）和非路由性，仅适用于基于 Windows 操作系统的几台到百余台计算机所组成的单网段小型局域网中，不具有跨网段工作的功能。如果一个服务器上安装多块网卡，或采用路由器等设备进行两个局域网的互联时，不能使用 NetBEUI 协议，否则，在不同网卡相连的设备之间，以及不同的局域网之间将无法进行通信。

3.4.2 IPX/SPX 协议及其兼容协议

IPX/SPX 协议全称 Internetwork Packet Exchange/Sequences Packet Exchange，网际包交换/顺序包交换。它是 Novell 公司为了适应网络的发展而开发的通信协议，它的体积比较大，但它在复杂环境下有很强的适应性，同时它也具有"路由"功能，能实现多网段间的跨段通信。基于其他操作系统的局域网如 Windows Server 2000，能够通过 IPX/SPX 协议与 Novell 网进行通信。

IPX/SPX 及其兼容协议不需要任何配置，它可通过网络地址来识别自己的身份。Novell 网络中的网络地址由两部分组成：标明物理网段的网络 ID 和标明特殊设备的结点 ID。其中网络 ID 集中在 NetWare 服务器或路由器中，结点 ID 即为每个网卡的 ID 号（网卡卡号）。所有的网络 ID 和结点 ID 都是一个独一无二的内部 IPX 地址，正是由于网络地址的唯一性，才使 IPX/SPX 具有较强的路由功能。

在 Windows 2000 系统中，IPX/SPX 协议和 NetBEUI 协议被统称为 NWLink。NWLink 协议是 Novell 公司 IPX/SPX 协议在微软公司网络中的实现，它在继承 IPX/SPX 协议优点的同时，更加适应微软公司的操作系统和网络环境；NWLink NetBIOS 协议不但可在 NetWare 服务器与 Windows 2000 之间传递信息，而且能够实现 Windows NT、Windows 95/98 相互之间任意通信。

3.4.3 TCP/IP 协议

在第 1 章中我们介绍过，TCP/IP 是由一组具有专业用途的多个子协议组合而成的，这些子协议包括 TCP、IP、UDP、ARP、ICMP 等。TCP/IP 凭借其实现成本低、在多平台间通信安全可靠以及可路由性等优势迅速发展，已经成为局域网中的首选协议，在 Windows Server 2000、Windows Server 2003 及其以上版本中，已经将 TCP/IP 作为其默认安装的通信协议。

TCP/IP 具有很高的灵活性，支持任意规模的网络，几乎可连接所有的服务器和工作站，但同时设置也较复杂，NetBEUI 和 IPX/SPX 在使用时不需要进行配置，而 TCP/IP 协议在使用时首先要进行复杂的设置，每个结点至少需要一个 IP 地址、子网掩码、默认网关和主机名。不过，在 Windows 2000 中提供了一个称为动态主机配置协议 DHCP 的工具，它可自动为客户机分配接入网络时所需的信息，减轻了联网工作的负担，避免出错。

注意：一台计算机中安装多个协议甚至安装系统所支持的所有协议的做法并不可取，因为安装的协议越多计算机的资源消耗就越大。这样做不仅影响计算机的运行速度，同时也不利于网络的管理工作。一般情况下，安装一种通信协议即可满足网络通信的需要。

3.5 无线局域网

无线局域网是目前最新，也是最为热门的一种局域网。无线局域网与传统的局域网主要不同之处就是传输介质不同，传统局域网都是通过有形的传输介质进行连接的，如同轴电缆、双绞线和光纤等，而无线局域网则是采用空气作为传输介质的。正因为它摆脱了有形传输介质的束缚，所以这种局域网的最大特点就是自由，只要在网络的覆盖范围内，可以随时随地与服务器及其他工作站连接，而不需要重新铺设电缆。

3.5.1 无线局域网概况

无线局域网（Wireless LAN，WLAN）是 20 世纪 90 年代计算机网络与无线通信技术相结合的产物，它利用了无线多址信道的一种有效方法来支持计算机之间的通信，并为通信的移动化、个性化和多媒体应用提供了可能。

无线网络是指采用无线链路进行数据传输的网络系统。无线网络根据网络的覆盖范围分为无线局域网（Wireless LAN，WLAN）和无线广域网（Wireless WAN，WWAN）两大类。就无线局域网而言，其应用方式主要有两类：一类是接入问题，即远程站点通过无线链路接入有线网络；另一类是中继问题，即通过无线网桥将多个有线或无线局域网互联起来。

3.5.2 无线局域网的分类

无线网络根据所采用的频段和调制技术可以分成扩频调制（Spread Spectrum）、红外光（Infrared）和窄带微波（Narrow Microwave）等。

扩频调制和红外光主要用于无线局域网。

无线广域网所采用的技术主要是窄带调制，它先将数据调制成一个副载波后再去调制射频，并利用现有的语音无线通信设备构成其最底层的物理链路。它主要依赖于蜂窝通信网（Cellular）、专用移动通信网（Specialized Mobile Radio）和卫星移动通信网（Satellite）等 3 种形式的物理链路。

无线局域网按其应用大致可分为 3 种类型：永久性无线网络、半永久性无线网络和移动通信用户。

3.5.3 无线局域网的特点

1．通信规程

在符合 IEEE 802.11 标准的无线局域网中，所有的传输都要遵循相同的通信规程，即按 CSMA/CA 介质访问控制方法来访问无线网络。

2．灵敏度

灵敏度是指无线电的接收能力，也影响到传输距离。灵敏度通常用 dBm 来表示，802.11 标准要求灵敏度低于 80 dBm。

3．IEEE 802.11 系列

目前这一系列主要有 4 个标准，分别为：802.11b（ISM 2.4 GHz）、802.11a（5 GHz）、802.11g（ISM 2.4 GHz）和 802.11z，前 3 个标准都是针对传输速度进行的改进。

最开始推出的是 802.11b，它的传输速度为 11 Mbit/s，因为它的连接速度比较低，随后推出了 802.11a 标准，它的连接速度可达 54 Mbit/s。802.11a 物理层支持 5.5 Mbit/s 和 11 Mbit/s 两个新速率。由于两者不互相兼容，致使一些早已购买 802.11b 标准的无线网络设备在新的 802.11a 网络中不能用，IEEE 802 标准委员会又正式推出了兼容 802.11b 与 802.11a 两种标准

的 802.11g，这样原有的 802.11b 和 802.11a 两种标准的设备都可以在同一网络中使用。

802.11z 是一种专门为了加强无线局域网安全的标准。由于无线局域网的"无线"特点，致使任何进入此网络覆盖区的用户都可以轻松地以临时用户身份进入网络，给网络带来了极大的不安全因素（常见的安全漏洞有：SSID 广播、数据以明文传输及未采取任何认证或加密措施等）。为此 802.11z 标准专门就无线网络的安全性方面作了明确规定，加强了用户身份认证制度，并对传输的数据进行加密。所使用的方法/算法有：WEP（RC4-128 预共享密钥），WPA/WPA2（802.11 RADIUS 集中式身份认证，使用 TKIP 与/或 AES 加密算法）与 WPA（预共享密钥）。

4．扩频通信基本原理

实现扩频通信的基本工作方式有直接序列扩频、跳变频率、跳变时间和线性解频 4 种。

扩频通信有两个基本的特点：一是伪随机编码调制和信号相关处理，并以此来解决多址通信和信号的检出；二是伪随机编码调制的核心是产生符合扩频通信所需要的伪随机编码，并以此作为扩频编码，也称为扩频序列，这种编码应具有良好的伪随机性、长周期、杂度大、编码序列多、易于高速产生。

5．无线局域网组网方式

无线网网络的组建方式比较灵活，主要有以下 4 种：

① 纯无线网络。

② 一个无线工作站与 LAN 相连。

③ 一点多址方式。

④ 使用无线链路实现有线网络互联。

3.5.4　无线局域网的应用

无线局域网采用的传输媒体主要有两种：光波和无线电波。光波包括红外线和激光，红外线和激光易受天气影响，也不具备穿透能力，故难以实际应用。无线电波包括短波、超短波和微波等，其中采用微波通信具有很大的发展潜力。采用微波作为传输媒体的无线局域网，依调制方式不同，又可分为扩展频谱方式与窄带调制方式。现在广泛采用的是扩展频谱方式。

现在无线局域网的建设一般是在普通局域网基础上通过无线网络转接器（Hub）、无线接入站（AP）、无线网桥、无线 Modem 及无线网卡等来实现。

3.6　局域网接入 Internet

由于局域网网络资源有限，局域网用户需要从 Internet 中获得更多的共享资源。因此将局域网接入 Internet 是局域网不可或缺的需求。局域网可以通过拨号接入和专线接入 Internet。

3.6.1　基础知识

Internet 主要由主机、通信子网和 ISP 等三个部分组成。

1．主机

主机也称为结点，是连接在网络上供网络用户使用的计算机，主机用来运行用户端所需要的应用程序，为用户提供资源和服务等。

2．通信子网

通信子网是指用来把主机连接在一起，并在主机之间传送信息的设施。它包括连接线路和转接部件（也称为处理器）两部分。从通信网的结构来看，可以分为核心层/网、分布层/网和访问层/网（接入网）3 个部分，其中，接入网一般在通信网的边缘，主要完成网络用户接入网络的任务。

3．ISP

ISP（Internet Service Provider，Internet 服务提供者），是用户接入 Internet 的入口点。其作用有两方面：一方面它为用户提供 Internet 接入服务；另一方面它也为用户提供各种类型的信息服务，如电子邮件服务、信息发布代理服务等。

3.6.2　接入方式

目前局域网常用的接入方式，一般分为拨号接入和专线接入两种。

1．拨号接入方式

拨号接入方式是目前使用最为广泛且连接最为简单的一种 Internet 接入方式。用户只需要一台 PC，在安装、配置调制解调器等连接设备后，就可以通过公共电话网接入 Internet。

随着技术的发展，拨号接入也曾出现过不同的两种工作方式：拨号终端方式和拨号SLIP/PPP 方式。

（1）拨号终端方式

拨号终端方式也称为仿真终端方式，它是利用仿真软件将用户端的计算机仿真成为主机的一个终端，访问主机上的资源。这种接入方式在用户端没有 IP 地址。

（2）拨号 SLIP/PPP 方式

SLIP 和 PPP 是两个通信协议，其中 SLIP（Serial Line Internet Protocol，串行线路网际协议）是一种用于将一台计算机通过电话线接入 Internet 的远程访问协议，该协议出现的时间较早，功能比较简单。PPP（Peer-Peer Protocol，端对端协议）也是一种将一台计算机通过电话线接入 Internet 的远程访问协议，与 SLIP 相比，它出现较晚，但功能较为强大。

拨号接入方式示意图如图 3-5 所示。

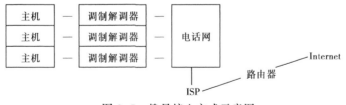

图 3-5　拨号接入方式示意图

2．专线接入方式

专线接入是指不通过拨号电话网，用户与 ISP 之间通过专线线路连接。一些公司或单位建有自己的局域网，它们通常直接到当地的 ISP 处租用一条专线，用户的局域网利用路由通过专线与 ISP 相连，借助 ISP 与 Internet 的连接通路，将整个局域网接入 Internet，连接方式如图 3-6 所示。

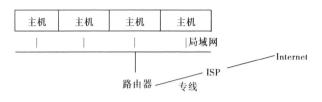

图 3-6 专线接入方式示意图

专线又分为模拟专线（Analog Leased Line）和数字专线（Digital Leased Line）两种。

（1）模拟专线

模拟专线一般使用电话线、同轴电缆等作为传输介质，计算机与专线之间及 ISP 接入端与专线之间必须安装调制解调器等数/模转换设备，在线路上传输的模拟信号。

（2）数字专线

数字专线一般采用光纤、卫星、微波等作为传输介质，计算机与专线之间以及 ISP 接入端与专线之间一般连接有路由器等设备，在线路上直接传输的是数字信号。

3.6.3 接入技术

为了综合考虑局端设备、用户环路和用户端设备的要求，以标准化的接口、多样化的传输手段来灵活支持各种接入类型和业务，既充分利用现有资源，又适应未来技术和业务的发展，并且存在多种 Internet 接入技术，用户选择的余地也比较大。常见的 Internet 接入技术，按照带宽划分，可以分为窄带接入技术和宽带接入技术；按照采用的介质来划分，可以分为有线接入技术和无线接入技术。有线接入技术包括基于 PSTN 的接入、基于光纤的接入等技术；无线接入技术包括地面无线接入、卫星无线接入等技术。

1. 基于 PSTN 的接入技术

（1）Modem 技术

调制解调器（Modem）是一个数字信号与模拟信号之间的转换设备。Modem 在通信的一端负责将计算机输出的数字信号转换成普通电话线路能够传输的声音信号，在另一端将从电话线路上接收的声音信号转换成计算机能够处理的数字信号。

Modem 连接方式适用于低速少量的数据传输，大多数的个人计算机通过 Modem 与 Internet 连接。

（2）ISDN 技术

ISDN（Internet Service Digital Network，综合业务数字网络）能够提供端到端的数字连接，可以在一条普通电话线上提供语音、数据、图像等综合性业务，为社会提供经济、高速、多功能、覆盖范围广、接入简单的通信手段。

ISDN 采用两种标准的用户-网络接口，即 BRI（Basic Rate Interface，基本速率接口）和 PRI（Primary Rate Interface，一次群速率接口）。

BRI 接口提供 2 个 64 kbit/s 速率的信道和 1 个 16 kbit/s 速率的信道，也即 2B+D，最大传输速率可达 128 kbit/s。B 信道是用来传送语音和数据等用户信息的通路。D 信道是用来传送信令信息和低速分组数据的信道。BRI 是大部分用户所用的接口，用户可以在这种接口上接入最多达 8 个各种类型终端，进行语音、数据和图像等多种业务的通信。

PRI 也称为基群速率接口，由很多的 B 信道和一个带宽 64 kbit/s 的 D 信道组成，即 30B+D，最大传输速率可达 2 Mbit/s。

作为 ISDN 标准的一部分，有许多种用于连接 ISDN 网络的设备。这种设备称作终端设备（TE）或者网络终端设备（NT）。终端适配器是应用最广泛的 ISDN 终端设备，最根本的应用是作为个人计算机与 ISDN 桥梁，使得个人计算机可以灵活、高速地接入因特网、局域网、ISP，或与其他个人计算机进行数据通信。

（3）xDSL

DSL（Digital Subscriber Line，数字用户线路），前缀 x 则表示在数字用户线路上实现的不同宽带方案。

xDSL 技术是用数字技术对现有的模拟电话用户线路进行改造，使它能够承载宽带业务。

① xDSL 的几种类型：

ADSL（Asymmetrical DSL）：非对称数字用户线路。

HDSL（High data rate DSL）：高速数字用户线路。

SDSL（Single-line DSL）：1 对线的数字用户线路。

VDSL（Very high data rate DSL）：超高速数字用户线路。

DSL：ISDN 用户线路。

RADSL（Rate-Adaptive DSL）：速率自适应 DSL，是 ADSL 的一个子集，可自动调节线路速率。

② ADSL。ADSL 是使用比较复杂的调制解调技术，在普通的电话线路上进行高速的数据传输。在数据的传输方向上，ADSL 分为上行和下行两个通道。下行通道的数据传输速率远远大于上行通道的数据传输速率，这就是所谓的"非对称"性。

ADSL 的"非对称"特性正好符合人们下载信息量大而上载信息量小的特点。ADSL 的有效传输距离为 3～5 km，在 5 km 的范围内，ADSL 的上行速率可以达到 640 kbit/s～1 Mbit/s，下行速率可以达到 1 Mbit/s～8 Mbit/s。实现时的具体差异主要由所采用的调制解调器、传输方式和传输距离（最主要因素）决定。

ADSL 的关键在于高速信道的调制技术，目前采用三种调制技术：QAM（正交幅度调制）、CAP（无载波幅度相位调制）、DMT（离散多频调制）。CAP 与 QAM 基本相同，是无载波的 QAM，而 DMT 则可提供更高的工作速率。DMT 是一种多载波调制方法，它将电话网中的双绞线的可用频带分为 256 个子信道，每个子信道带宽为 4 kHz，它可根据各子信道的性能来动态分配各信道的数据速率。实际上，市场上销售的大多数 ADSL 调制解调器不但具有调制解调的功能，而且具有网桥和路由器的功能。ADSL 调制解调器的网桥和路由器功能使单机接入和局域网接入都变得非常容易。

ADSL 不仅适用于将单台计算机接入 Internet，而且可以将一个局域网接入 Internet。ADSL 所需要的电话线资源分布广泛，具有频带宽、费用低、无须重新布线和建设周期短的特点，尤其适合家庭和中小型企业的 Internet 接入需求，可以满足影视点播、网上游戏、远程教育、远程医疗诊断等多媒体网络应用的需要，而且数据信号和电话信号可以同时传输，互不影响。

③ HDSL。HDSL 是目前众多 DSL 中技术较为成熟的一种，并已得到了一定程度的应用。这种技术的特点是利用两对双绞线实现数据传输，且上下行速度对称。HDSL 利用一条双绞线的传输速率可达（640 Kbit/s～1 Mbit/s），利用两条双绞线的传输速率可达（2.048 Mbit/s）。HDSL 采用高速自适应数字滤波技术和先进的信号处理器，进行线路均衡，消除线路串音，实现回波抑制，不需要再生中继器，适合所有非加感环路，设计、安装和维护方便、简捷。

HDSL 技术广泛适用于移动通信基站中继、无线寻呼中继、视频会议、ISDN 基群接入、远端用户线单元（RLU）中继以及计算机局域网互联等业务，由于它要求传输介质为 2～3 对双绞线，因此常用于中继线路或专用数字线路，一般终端用户线路不采用该技术。

（4）HomePNA 技术

HomePNA 系统是用户线接入多路复用器（Home Phoneline Network Alliance）。该系统在现有的铜线和光纤网络上提供每个用户 1 Mbit/s～10 Mbit/s 的高速数据传输。HomePNA 技术能够分离通过一条电话线传送的声音和数据业务。声音传送的波段在 20Hz～3.4kHz 之间，而 xDSL 利用 25kHz～1.1MHz 这一波段，设备则利用 5.5MHz～9.5MHz 波段，因此当用户利用同一条电话线访问因特网时可以使用电话或发传真，不会相互影响。它采用频分复用技术。利用 HomePNA，家庭中的多个计算机用户可以共享互联网连接、文件、打印机以及进行联网游戏。

（5）3D-DS 技术

3D-DS 是三维数字交互宽带网络系统技术，利用现有电话线网络向用户提供宽带多媒体服务，目前上、下行带宽达到 10 Mbit/s，并且具有双向传输性，传输距离和抗干扰性方面优于现有其他技术。

2．基于光纤的接入技术

（1）FTTx 技术

光纤接入是指局端与用户之间完全以光纤作为传输媒体，可以分为有源光接入（AON）和无源光接入（PON）。光纤用户网的主要技术是光波传输技术。

FTTx 全称 Fiber To The x，这里字母 x 代表不同接入点：

① FTTC（Fiber To The Curb，光纤到路边）：从路边到各用户，可使用星状结构，双绞线作为传输媒体。

② FTTB（Fiber To The Building，光纤到大楼）：光纤进入大楼后就转换为电信号，然后用电缆或双绞线分配到各用户。

③ FTTO（Fiber To The Office，光纤到办公室）：光纤铺设到办公室。

④ FTTH（Fiber To The Home，光纤到家）：光纤一直铺设到用户家庭，这可能是宽带互联网最终的发展方向。

随着光纤通信技术的成熟，其通信抗电磁场干扰强、通信内容保密性能好、带宽足够大、寿命长等特点显著，与其他接入技术相比，在带宽容量和传输距离等方面具有明显的优势。

（2）Ethernet 接入技术

Ethernet 接入也称城域网 LAN 接入。

Ethernet 接入提供的带宽是：对商业用户来说，1G 到大楼、100M 到楼层、10M 到桌面；对住宅用户来说，1G 到社区、100M 到楼、10M 到家庭。Ethernet 接入技术借用了以太网的帧结构和接口，网络结构和工作原理都不同于以太网。Ethernet 除了提供高速接入外，还有强大的网管功能和计费功能。造价也比较低廉。

由于我国居民住宅大多数非常集中，符合以太网的特点，而且以太网接入技术非常成熟、标准化、成本低、带宽高，已逐步成为宽带接入的主流。以太网接入方式简单，只要有个人计算机、100 Mbit/s 网卡，根据 ISP 提供的参数配置 IP 地址、DNS 地址和网关地址，重新启动计算机即可。

3．基于同轴电缆的接入技术

① HFC：是光纤和同轴电缆相结合的混合网络。从有线电视台出来的节目信号先变成光

信号在干线上传输；到用户区域后把光信号转换成电信号，经分配器分配后通过同轴电缆送到用户。HFC 也采用非对称的数据传输速率，一般上行传输速率在 10 Mbit/s 左右，下行传输速率为 10～40 Mbit/s。

② Cable Modem：传输原理与普通 Modem 相同，将数据进行调制后在 Cable（电缆）的一个频率范围内传输，接收时进行解调，不同之处在于它是通过有线电视网 CATV 的某个传输频带进行调制解调。有线电视电缆的带宽较高，加上 Cable Modem 有高速传输技术，因而能达到高速传输数据的要求，上行传输速率为 10 Mbit/s，下行传输速率为 36 Mbit/s。

4．基于电力电缆的接入技术

PLC（Power Line Communication，电力线通信）即电力网络路由器，是指利用电力线传输数据和话音信号的一种通信方式。PLC 利用传输电流的电力线作为通信载体，将电源插座转换为网络接口，无须另外布线，就可以和以太网互联，并接入 Internet 网。

迄今，PLC 技术已经有几十年的发展历史，在技术发展的各个阶段，电力系统已经得到了不同的应用。电力网是目前各网络中拥有用户最多、最普及、最必不可少的网络。

5．基于无线的接入技术

无线接入技术主要是指以无线通信技术将本地交换局同用户终端连接起来的系统，即无线本地环路，狭义上通常又称固定无线接入（FWA）。无线接入可大致分为低速无线本地接入、宽带无线接入和卫星接入三大类。

① 低速无线本地接入：以蜂窝电话和无绳电话为技术基础，从工作原理上分为模拟和数字两大类。

② 宽带无线接入：部分或全部采用无线方式提供宽带接入。

③ 卫星接入：利用卫星通信系统提供的接入服务。它由人造卫星和地面站组成，用卫星作为中继站转发地面站传入的无线信号。

3.6.4　接入方案

1．单机专用接入方案

Modem 接入具有代表性，下面给出通过电话网拨号接入 Internet 的基本方法：

第一步：接入 Internet 前的准备工作，主要包括：

① 接入 Internet 所需要的硬件。

② 接入 Internet 所需要的软件。

③ 向 ISP 申请账号。

第二步：安装与配置调制解调器：

① 连接调制解调器。

② 设置调制解调器。

第三步：安装 TCP/IP 协议。

第四步：建立与配置拨号网络连接：

① 建立拨号网络连接。

② 设置拨号连接。

第五步：启动连接。

2．多机共享接入方案

多机共享其实就是将局域网中的一台计算机接入 Internet，然后其他用户共享上网。在对等网中用户可以选择任何一台计算机接入 Internet；而在服务器/客户机模式的局域网中，接入 Internet 的计算机通常是代理服务器或 NAT 服务器。

（1）Internet 连接共享接入

对等网中不需要使用第三方应用软件，多台计算机可以共享一个账号接入 Internet。要配置 Internet 连接共享，必须以 Administrators 组的成员登录。建立并配置拨号连接后，启用此连接的 Internet 连接共享功能。如在客户机 Windows 2000 上添加正确的协议：TCP/IP、NetBEUI 协议，再将 TCP/IP 中的 IP 地址指定为 192.168.0.2，子网掩码为 255.255.255.0，网关和 DNS 都设置成服务器的 IP 地址，即 192.168.0.1，重新启动即可。

（2）应用软件接入

将局域网中的一台计算机作为服务器，安装代理服务器软件或网关类软件，最常用的是 Sygate 和 Wingate 这两款软件。局域网中其他用户的计算机通过服务器接入 Internet。

（3）网络地址转换接入

网络地址转换（NAT）的功能类似于路由器，可以在局域网和 Internet 之间转换有关的数据包，并对内部网络起到安全保护作用。

本章小结

局域网缩写为"LAN"，即计算机局部区域网，它是在一个局部的地理范围内，将各种计算机、外围设备、数据库等相互连接起来组成的计算机通信网。以太网（Ethernet）最初是由美国 Xerox 公司和 Stanford 大学联合开发并于 1975 年推出的。ATM 是现今唯一可同时应用于局域网、广域网两种网络应用领域的网络技术，它将局域网与广域网技术统一。无线局域网与传统的局域网主要不同之处就是传输介质不同，传统局域网都是通过有形的传输介质进行连接的，如同轴电缆、双绞线和光纤等，而无线局域网则是采用无线链路进行数据传输的网络系统。局域网可以通过拨号接入和专线接入 Internet。

习　题

一、填空题

1．局域网的数据传输率最高可达＿＿＿＿＿＿＿＿＿＿。

2．目前局域网的数据传输率一般要高于＿＿＿＿＿＿＿＿。

3．计算机接入 Internet 时，可以通过公共电话网进行连接。以这种方式连接并在连接时分配到一个临时性 IP 地址的用户，通常使用的是＿＿＿＿＿＿＿＿＿＿＿＿。

4．＿＿＿＿＿＿＿＿＿＿是局域网络系统中的通信控制器或通信处理器。

5．通常，网络服务器在两种基本网络基础环境之下工作：即＿＿＿＿＿＿＿＿＿模式或对等模式。

6．局域网的＿＿＿＿＿＿＿＿＿＿＿主要用于实现物理层和数据链路层的某些功能。

7. 局域网_____是在网络环境上的基于单机操作系统的资源管理程序。

8. 一个拥有 5 个职员的公司，每个员工拥有一台计算机，现要求用最小的代价将这些计算机联网，实现资源共享，最能满足要求的网络类型是_____。

9. 一个拥有 80 个职员的公司，不久的将来将扩展到 100 多人，每个员工拥有一台计算机，现要求将这些计算机联网，实现资源共享，最能满足此公司要求的网络类型是_____。

10. 最初以太网的数据率是_____。

11. 以太网的第一个国际认可标准是_____。

12. 以太网使用共享的公共传输信道技术来源于_____。

13. 以太网数据通信技术是_____。

14. 以太网的拓扑结构是_____、_____。

15. 以太网的传输数据率是_____。

16. 以太网中计算机之间的最大距离是_____。

17. 以太网中计算机数量的最大值是_____。

18. 使用集线器 Hub 的以太网是_____。

19. 10BASE-T 以太网采用的传输介质是_____。

20. 10BASE-T 以太网的接口标准是_____。

21. 10BASE2 与 10BASE5 的最大帧长度是_____。

22. 10BASE2 与 10BASE5 的最小帧长度是_____。

23. 在 10BASE-T 以太网中，计算机与 Hub 之间的最大距离是_____。

24. 在 10BASE-T 以太网中，一般可以串接 Hub 的数目是_____。

25. 在 10BASE-T 中，Hub 与 Hub 之间的最大距离是_____。

26. CCITT 对"可统一处理声音、数据和其他服务的高速综合网络"的研究，导致_____的诞生。

27. 可以高速传输数字化的声音、数据、视像和多媒体信息的网络技术是_____。

28. 在以太网、令牌环、FDDI、ATM 等网络技术中，采用固定长度数据单元格式的是_____。

29. ATM 信元的长度是_____。

30. 大多数的个人计算机通过_____与 Internet 连接。

31. Modem 连接方式适用于_____。

32. _____是用于计算机与公共电话交换网连接所必需的设备。

33. 在 ISDN 接入方式，2B+D 接口的传输速率可达到_____。

34. 在 ISDN 接入方式，30B+D 接口的传输速率可达到_____。

35. 在 ISDn 接入方式，2B+D 中的 B 信道的传输速率为_____。

36. 计算机接入 ISDN 网络必须通过_____。

37. ADSL 利用_____来传输数据。

38. ADSL 的传输距离为_____。

39. ADSL 的上行传输速率为_____。

40. ADSL 的下行传输速率为_____。

41. HDSL 利用_____来传输数据。

42. HDSL 利用两条双绞线其传输速率可达＿＿＿＿＿＿＿＿。

43. HDSL 利用一条双绞线其传输速率可达＿＿＿＿＿＿＿＿。

44. 3D-DS 网络系统目前的上、下行带宽已达到＿＿＿＿＿＿＿＿。

45. Cable Modem 是一种利用＿＿＿＿＿＿＿＿提供高速数据传送的计算机网络设备。

46. Cable Modem 的上行传输速率为＿＿＿＿＿＿＿＿。

47. Cable Modem 下行传输速率为＿＿＿＿＿＿＿＿。

48. 光纤网采用环状结构，使用光源中继器则最大环长为＿＿＿＿＿＿＿＿m。

49. 10BASE-t 是采用双绞线的＿＿＿＿＿＿＿网络。

二、选择题

1. 下列设备中属于数据通信设备的有（　　　）。
   a. 计算机　　　　　b. 终端　　　　　　c. 打印机　　　　　d. 电话
   A. a，c　　　　　B. b，d　　　　　C. a，b，c　　　　D. a，b，c，d

2. 以太网的拓扑结构是（　　　）。
   a. 总线型　　　　b. 星状　　　　　　c. 环状　　　　　d. 树状
   A. a　　　　　　B. a，b　　　　　C. c　　　　　　D. d

3. 有关以太网 CSMA/CD 的说法中，正确的是（　　　）。
   a. 计算机在发送数据之前先要对数据通道进行监听
   b. 当数据通道上有数据正在发送时，其他计算机也可以进行数据发送
   c. 如果正在发送数据的计算机得知其他计算机也在进行发送，就停止发送数据，并发送阻塞信号
   d. 发送冲突的计算机等待一段时间后，可以重新请求发送
   A. a　　　　　　B. a，c　　　　　C. a，c，d　　　　D. a，b，c，d

4. 使用 HUB 的网络是（　　　）。
   a. 10BASE-T　　b. 100BASE-T　　c. 1000BASE-F　　d. 10BASE2
   e. 10BASE5　　　f. 10BASE-F
   A. a，b，c　　　B. a，b，c，d　　C. a，b，c，d，e　D. a，b，c，d，e，f

5. 与 10BASE-2 或 10BASE-5 以太网相比，10BASE-T 以太网具备的特点是（　　　）。
   a. 网络的增减不受段长度和站与站之间距离的限制
   b. 扩展方便
   c. 减少成本
   d. 扩充或减少工作站都不影响或中断整个网络的工作
   e. 发生故障的工作站会被自动地隔离
   A. a，b，c　　　B. a，b，d　　　C. a，b，c，d　　D. a，b，c，d，e

6. 10BASE-2 与 10BASE-5 的区别有（　　　）。
   a. 10BASE-5 每网段 100 个结点，10BASE-2 每网段 30 个结点
   b. 10BASE-5 每网段最大长度 500 m，10BASE-2 每网段最大长度 185 m
   c. 10BASE-2 将 MAU 功能、收发器/AUI 线缆都集成到网卡中
   A. a　　　　　　B. b　　　　　　C. a，b　　　　　D. a，b，c

7. 10BASE-2 以太网的拓扑结构是总线型的，安装时应遵守的规则是（　　　）。
   a. 最大网段数是 5

b. 网段最大长度是 185 m

c. 线缆的最大总长度是 925 m

d. 每段结点的最大数目是 30

e. T 型连接器之间的最短距离是 0.5 m

f. 网段两端必须有终端器，一个端点必须接地

　　A. a, b, c　　　　　B. a, b, c, d　　　　C. a, b, c, d, e　　D. a, b, c, d, e, f

8. 10BASE-F 光缆以太网定义的光缆规范包括（　　　　）。

a. FOIRL　　　　　b. 10BASE-FP　　　c. 10BASE-FB　　　d. 10BASE-FL

　　A. a　　　　　　　B. a, b　　　　　　　C. a, b, c　　　　　D. a, b, c, d

9. 下列与 100BASE-TX 有关的描述中正确的是（　　　　）。

a. 100BASE-TX 遵守 CSMA/CD 协议

b. 100BASE-TX 使用 2 对 5 类 UTP

c. 100BASE-TX 的编码方式是 4B/5B

d. 100BASE-TX 使用 MTX-3 波形法降低信号频率

e. 100BASE-TX 使用与 10BASE-T 相同的线缆和连接器

　　A. a, b, c　　　　　B. a, b, d　　　　　C. a, b, c, d　　　D. a, b, c, d, e

10. 下列有关 100BASE-T4 的描述中正确的是（　　　　）。

a. 100BASE-T4 使用所有的 4 对 UTP　　b. 100BASE-T4 不能进行全双工操作

c. 100BASE-T4 使用 RJ-45 连接器　　　　d. 100BASE-T4 使用 4B/5B 编码

　　A. a, b, c　　　　　B. a, b, c, d　　　　C. b, c, d　　　　　D. a, c, d

11. Hub 是 10BASE-T 以太网的重要设备，它解决了以太网的问题是（　　　　）。

a. 网络的管理　　　b. 网路的维护　　　c. 网络的稳定性　　d. 网络的可靠性

　　A. a, c　　　　　　B. b, d　　　　　　　C. a, b, c　　　　　D. a, b, c, d

12. 在异步传输模式 ATM 诞生之前，曾经提出的交换技术有（　　　　）。

a. 多速率电路交换　　　　　　　　　b. 快速电路交换

c. 帧中继　　　　　　　　　　　　　d. 快速分组交换

　　A. a, b　　　　　　B. a, c　　　　　　　C. b, d　　　　　　D. a, b, c, d

13. ATM 技术的数据率是（　　　　）Mbit/s。

a. 155　　　　　　　b. 622　　　　　　　c. 100　　　　　　d. 1 000

　　A. a, b　　　　　　B. a, b, c　　　　　　C. a, b, d　　　　　D. a, b, c, d

14. ATM 信元中的寻址信息是（　　　　）。

a. 目的地址 DA　　　　　　　　　　b. 源地址 SA

c. 虚拟路径识别符 VPI　　　　　　　d. 虚拟通道标识符 VCI

　　A. a, b　　　　　　B. c, d　　　　　　　C. c　　　　　　　D. a, b, c, d

15. ATM 技术继承以往技术的特性有（　　　　）。

a. 电路交换的可靠性　　　　　　　　b. 分组交换的高效性

c. 电路交换的高效性　　　　　　　　d. 分组交换的可靠性

　　A. a　　　　　　　B. b　　　　　　　　C. a, b　　　　　　D. c, d

16. ATM 的标准化组织是（　　　　）。

a. 国际电信联盟 ITU　　　　　　　　b. ATM 论坛

c. ISO   d. IEEE

A. a   B. b   C. a, b   D. a, b, c, d

17. ATM 技术优于快速以太网的地方有（　　　　）。

    a. ATM 是面向连接的   b. ATM 支持更大的 MTU

    c. ATM 的延迟较低   d. ATM 保证服务质量

    A. a, d   B. a, b   C. a, b, d   D. a, b, c, d

18. 有关局域网仿真 LANE 的说法中，正确的是（　　　　）。

    a. LANE 是 ATM 论坛定义的标准

    b. LANE 使 ATM 网络工作站具有传统网络（以太网和令牌环网）的功能

    c. LANE 协议可以在 ATM 网络的顶层仿真 LAN

    d. 在 ATM 网络中传输的数据以 LAN MAC 数据包格式进行封装

    e. LANE 并不仿真 LAN MAC 协议

    A. a, b, c, d, e   B. a, b, c, d

    C. e   D. a, b, e

19. Modem 连接方式下，下列哪些原因决定了网络传输速度？（　　　　）

    a. 线路   b. 电话交换机

    c. Modem 的速度   d. ISP 所使用的 Modem 速度

    A. a, c   B. b, d   C. a, c   D. a, b, c, d

20. 下列接入方式中属于无线接入的是（　　　　）。

    a. ADSL   b. DDN   c. 低速无线本地环 d. 宽带无线接入

    e. 卫星接入

    A. a, c   B. b, d   C. c, d, e   D. a, b, c, d, e

第4章
网络硬件及网络规划设计

网络连接设备构成网络通道，是网络进行可靠通信的物理保证，网络连接设备有传输介质和网络设备。

4.1 传输介质

传输介质是网络中信息传输的媒体，是网络通信的物质基础之一。在计算机网络中使用的传输介质可以分为有线传输介质和无线传输介质，其中无线传输介质主要包括：无线电波、微波、红外线等；有线传输介质主要包括：双绞线、同轴电缆和光纤等。

4.1.1 双绞线

1. 双绞线的组成

双绞线是综合布线工程中最常用的一种传输介质。双绞线由两根绝缘的铜导线用规定的方法绞合而成，目的是为了减少信号在传输过程中的串扰和电磁干扰。现行双绞线电缆中一般包含4个双绞线对，具体为橙白/橙、蓝白/蓝、绿白/绿、棕白/棕。一般的计算机网络使用1—2、3—6两组线对分别发送和接收数据。

2. 双绞线的分类

双绞线分为屏蔽（Shielded）双绞线（STP）和非屏蔽（Unshielded）双绞线（UTP）。

（1）屏蔽双绞线

屏蔽双绞线的双绞线与外层绝缘皮之间有一层金属材料，以减小辐射，防止信息被窃听，并且具有较高的数据传输率。但它并不能完全消除辐射，屏蔽双绞线价格相对较高，安装时要比非屏蔽双绞线困难。

目前，屏蔽双绞线主要有3类和5类，主要用于安全性要求较高的网络中。屏蔽双绞线的带宽，在理论上100 m内可达到500 Mbit/s。现在常用的为5类非屏蔽双绞线，其频率带宽为100 MHz。6类、7类双绞线分别可工作于250 MHz和600 MHz的频率带宽之上，且采用特殊设计的RJ-45插头（座），如图4-1所示。

图 4-1 双绞线与 RJ-45 水晶头

（2）非屏蔽双绞线

非屏蔽双绞线外部只有一层绝缘胶皮，易弯曲，组网灵活，非常适合网络布线，在小型局域网中使用广泛。非屏蔽双绞线常用于小型企业单位、学校宿舍和家庭等，其中5类和超5类是目前的主流，6类和7类双绞线的标准正在制定中，是未来网络布线的发展趋势。电气工业协会将非屏蔽双绞线分为5类，划分方法如下：

① 1、2是语音和低速数据线，带宽≤4 Mbit/s。

② 3类线是数据线，带宽为10～16 Mbit/s。

③ 4类线是数据线，带宽≤20 Mbit/s。

④ 5类线是高速数据线，带宽≤100 Mbit/s。

在网络中最常用到的是3类和5类线。

4.1.2　同轴电缆

同轴电缆是由一根空心的外圆柱导体及所包围的单根内导线所组成，柱体同导线用绝缘材料隔开，频率特性比较好，能进行较高速率的传输，屏蔽性能好，抗干扰能力强，通常用于基带传输。同轴电缆的结构如图4-2所示。

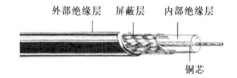

图4-2　同轴电缆的结构

同轴电缆是局域网中常见的传输介质，主要用于环状的小型局域网中，优点是网络构建成本较低，具有较好的抗干扰性，传输速率高，适用于网络布线。

广泛使用的同轴电缆有两种：一种为50Ω（指沿电缆导体各点的电磁电压对电流之比）同轴电缆，用于数字信号的传输，即基带同轴电缆；另一种为75Ω同轴电缆，用于宽带模拟信号的传输，即宽带同轴电缆。同轴电缆以单根铜导线为内芯，外裹一层绝缘材料，外覆密集网状导体，最外面是一层保护性塑料。金属屏蔽层能将磁场反射回中心导体，同时也使中心导体免受外界干扰，故同轴电缆比双绞线具有更高的带宽和更好的噪声抑制特性。

4.1.3　光纤

光纤是光导纤维的简称，是一种传输光束的细而柔韧的媒介。光导纤维电缆由一捆纤维组成，简称为光缆。光导纤维是利用内部全反射原理来传导光束的传输介质，有单模和多模之分。光线和光缆的结构如图4-3所示。

① 单模（模即Mode，入射角）光纤多用于通信业。单模光纤采用激光二极管LD作为光源，光纤直径较小，使用单个频率的光。数据传输速率较高，传输距离也较远，但价格昂贵，成本较高。

② 多模光纤多用于网络布线系统。多模光纤采用发光二极管LED产生的可见光作为光源，光束是不断地反射而向前传播。多模光纤相对于单模光纤传输速率低，传输距离短，但价格便宜，网络布线多使用多模光纤。

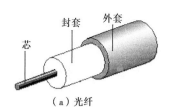
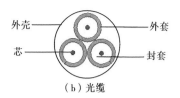

图 4-3　光纤和光缆的结构

与铜质电缆相比较，光纤通信明显具有其他传输介质所无法比拟的优点：

① 传输信号的频带宽，通信容量大。

② 信号衰减小，传输距离长。

③ 抗干扰能力强，保密性好，无串音干扰。

④ 抗化学腐蚀能力强，适用于一些特殊环境下的布线。

⑤ 原材料资源丰富。

正是由于光纤的数据传输速率高（目前已达到 1 Gbit/s），传输距离远（不需转发器传输距离达 6～8 km）的特点，所以在计算机网络布线中得到了广泛应用。目前光缆主要用于交换机之间、集线器之间的连接，但随着吉比特以太网应用的不断普及和光纤产品及其设备价格的不断下降，光纤连接到桌面已成为网络发展的一个趋势。

4.1.4　无线传输介质

无线传输介质可以在自由空间利用电磁波发送和接收信号，进行通信。

无线通信的方式主要有微波通信、激光通信和红外线通信。

1. 微波通信

微波通信在长途大容量的数据通信中占有极其重要的地位，其频率范围为 300 MHz～300 GHz。微波通信主要有地面系统和卫星系统两种形式。

2. 激光通信

激光是一种方向性极好的单色相干光。利用激光来有效地传送信息，叫作激光通信。激光的工作频率为 10^{14}～10^{15} Hz。激光通信系统由视野范围内的两个互相对准的激光调制解调器组成，激光调制解调器通过对相关激光的调制和解调，从而实现激光通信。激光的优点是方向性很强，不易受电磁波干扰；其缺点是外界气候条件对激光通信的影响较大，如在空气污染、雨雾天气以及能见度较差的情况下可能导致通信中断。

3. 红外线通信

红外线通信建立在红外线光的基础上，采用发光二极管、激光二极管或光电二极管进行站点之间的数据交换。红外线的工作频率为 10^{11}～10^{14} Hz。在视野范围内的两个互相对准的红外线收发器之间通过将电信号调制成非相干红外线而形成通信链路，可以准确地进行数据通信。红外线的优点是方向性很强，不易受电磁波干扰；其缺点是由于红外线的穿透能力较差，因此易受障碍物的阻隔。红外线比较适合于近距离楼宇之间的数据通信。

4.2　网络设备

网络设备是用来连接网络的产品。局域网设备包括网卡、集线器、交换机、路由器等，连接网间网络的设备基本上可分为中继器、网桥、路由器和网关四类。

4.2.1 网卡

网络接口卡（Network Interface Card，NIC），又称网卡或网络适配器，是工作在数据链路层的网络组件，是主机和网络的接口，用于协调主机与网络间数据、指令或信息的发送与接收，硬件结构如图4-4所示。在发送方，把主机产生的串行数字信号转换成能通过传输媒介传输的比特流；在接收方，把通过传输媒介接收的比特流重组成为本地设备可以处理的数据。

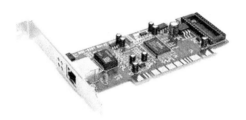

图 4-4　网卡

网卡的主要作用：

① 读入由其他网络设备传输过来的数据包，经过拆包，将其变成客户机或服务器可以识别的数据，通过主板上的总线将数据传输到所需设备中。

② 将 PC 发送的数据，打包后输送至其他网络设备中。

4.2.2 调制解调器

调制解调器（Modem）是用于连接计算机与公共电话交换网（PSTN）所必不可少的设备，它将计算机上的数字信号转化成适合于电话网上传输的模拟信号传送出去，在接收端又将这样的模拟信号重新转化成计算机使用的数字信号。

调制解调器，是调制器与解调器的简称，作用是模拟信号和数字信号的"翻译员"。使用电话线路传输的是模拟信号，而 PC 之间传输的是数字信号，通过电话线把计算机连入 Internet 时，必须使用调制解调器来转换两种不同的信号。当 PC 向 Internet 发送信息时，电话线传输的是模拟信号，必须用调制解调器来把数字信号翻译成模拟信号，传送到 Internet 上，这个过程叫作调制。当 PC 从 Internet 获取信息时，通过电话线从 Internet 传来的信息都是模拟信号，PC 想要读懂它们，必须用调制解调器，这个过程叫作解调。图 4-5 是 ADSL（非对称数字用户线路）调制解调器工作的一个例子，电话线分离出的网络信号被调制成数字信号后传到网卡上。

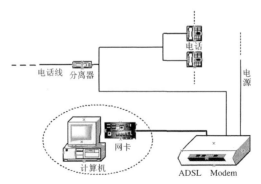

图 4-5　调制解调器的信号转换

4.2.3　中继器

OSI 参考模型的最底层是物理层，在物理层上操作的设备称为中继器（Repeater）。它接收 LAN 段上的传输信号并再生，以延伸信号的传播距离，使之仍旧保持能被接收设备识别。

中继器的主要功能是对数据信号进行再生和还原，重新发送或者转发，扩大网络传输的距离，适用于完全相同的两类网络的互连。在线路上传输的信号功率会逐渐衰减，衰减到一定程度时将造成信号失真，会导致接收错误，中继器对衰减的信号进行放大，保持与原数据相同。如图 4-6 所示，经过远距离传输过来的信号经过中继器处理后，再传输到各设备。

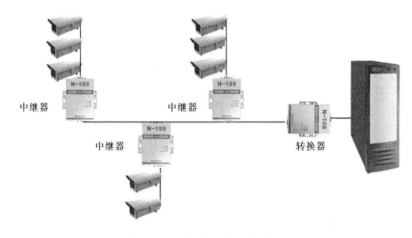

图 4-6　中继器对信号进行放大

4.2.4　集线器

集线器（Hub）是对网络进行集中管理的最小单元，是以星状拓扑结构连接网络中各个结点的一种中枢网络设备，具有同时活动的多个输入和输出端口。

集线器是物理层的硬件设备，可以理解为具有多端口的中继器。集线器是实现服务器连接到单个用户的最佳方法，它会对与它相连的计算机进行集中管理。对接收到的信号进行再生整形放大，扩大网络的传输距离。集线器只是一个信号放大和中转的设备，所以它不具备自动寻址能力，即不具备交换作用。集线器同一时刻每一个端口只能进行一个方向的数据通信，所有传到集线器的数据均被传播到与之相连的各个端口，容易形成数据堵塞。集线器的网络执行效率低，不能满足较大型网络通信需求。集线器的工作过程如图 4-7 所示。

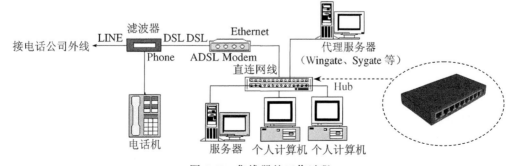

图 4-7　集线器的工作过程

4.2.5　交换机

交换机（Switch）是一种用于信号转发的网络设备，又称交换式集线器。主要有二层交换机和三层交换机：二层交换机属数据链路层设备，识别数据包中的 MAC 地址信息，根据 MAC 地址进行转发；三层交换机带路由功能，工作于网络层。网络中的交换机一般默认是二层交换机。

交换技术是为了解决乙太网在用户增加、负载加大的情况下，由于多个用户共享信道而使实际传送速度降低的问题。

交换机和网桥不一样，网桥的表是一对多的（一个端口号对多个 MAC 地址），但交换机的表却是一对一的，根据对应关系进行数据转发，其工作原理如图 4-8 所示。

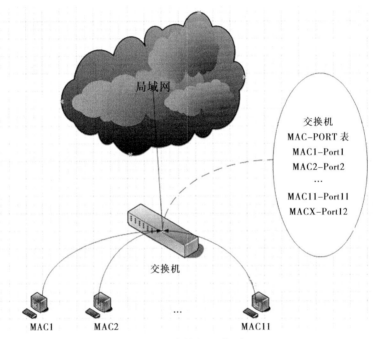

图 4-8　交换机工作原理

4.2.6　网桥

网桥像一个聪明的中继器。中继器从一个网络电缆里接收信号，放大后，将其送入下一个电缆。网桥是专门硬件设备，是由计算机加装的网桥软件来实现，计算机上可以安装多个网络适配器（网卡）。

网桥工作在 OSI 参考模型的第 2 层（数据链路层）上，不需要检查上层信息。网桥将两个相似的网络连接起来，并对网络数据的流通进行管理，能扩展网络的范围，提高网络的可靠性和安全性。网桥的工作原理如图 4-9 所示。

网桥基于站点或 MAC 地址，将业务量分成几段并将其进行过滤，以减少网络上不必要的业务量并将冲突发生的可能性降至最低。

从硬件配置的位置上看，网桥可分为内部和外部两种。组成内部网桥的 NIC 安装在文件服务器内，外部网桥硬件则放在专门用作网桥的 PC 或其他设备上。从地址位置上又可分为本地网桥和远程网桥。从协议的角度又可分为 Ethernet 和 Token Ring。

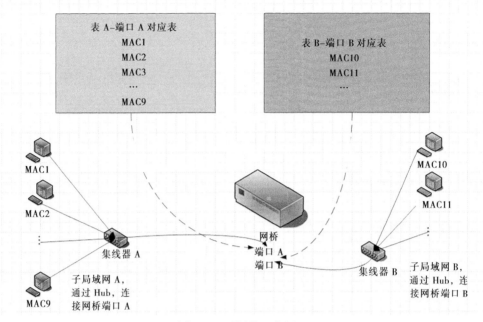

图 4-9　网桥的工作原理

4.2.7　路由器

　　路由器是用来实现路由选择功能的一种媒介系统设备。所谓路由，就是指通过相互连接的网络把信息从源地点移动到目标地点的活动。路由器工作在 OSI 体系结构中的网络层。

　　与网桥和交换机不同的是，网桥和交换机利用 MAC 地址来确定数据的转发端口，而路由器利用网络层中的 IP 地址来作出相应的决定。由于路由选择算法比较复杂，路由器的数据转发速度比网桥和交换机慢，主要用于广域网之间或广域网与局域网的互连。

　　路由选择分动态和静态两类。在静态路由选择中，网络管理员配置路由选择表，一旦完成设置，网络上的通路便不可改变。这对于一个被限制到小地域内的 LAN 来说是可行的，但若进行广域联网就很难满足需要。与此相反，动态路由器能自动重新配置路由选择表，并重新计算有效且最经济的通路，某些路由器甚至可均衡通信负载。

　　路由是一种与协议相关的设备，依通信协议变化。在 TCP/IP 环境下操作的路由器使用了称为路由选项信息协议（RIP）的动态路由选择算法。它是以 TCP/IP 网关协议（GGP）为基础的。在 RIP 系统中的每个路由器通过向其邻居发送副本，周期性地修改其路由表、使用时间和带宽。

　　路由选择算法可分为静态、动态、集中化、本地和分布式 5 种类型。最简单的算法是静态的和本地的。当今通用的算法是动态的和分布式的。

　　路由器的工作过程如图 4-10 所示，路由器的两端分别连接局域网和广域网。其中，无线局域网通过无线 AP（无线交换机）级联到上层交换机中，通过路由器连接到互联网。

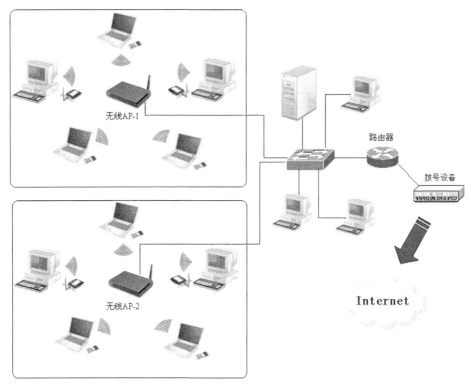

图 4-10　路由器的工作过程

4.2.8　网关

网关（Gateway）又称网间连接器、协议转换器，主要用于连接不同的结构体系的网络或用于局域网与主机之间的连接。网关工作在 OSI 模型的高层，是最复杂的网络互连设备。

网关是一种充当转换重任的计算机系统或设备，支持类型不同且差别较大的网络系统间的互连，或用于不同体系结构的网络或者局域网与主机系统的连接。网关既可以用于广域网互联，也可以用于局域网互联。在使用不同的通信协议、数据格式或语言，甚至体系结构完全不同的两种系统之间，网关是一个翻译器。与网桥只是简单地传达信息不同，网关对收到的信息要重新打包，以适应目的系统的需求。同时，网关也可以提供过滤、安全功能。大多数网关运行在 OSI 参考模型的最顶层——应用层。网关的概念模型如图 4-11 所示。

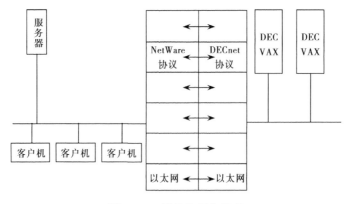

图 4-11　网关的概念模型

图 4-12 所示为网关的工作原理示意图。如果一个 NetWare 结点要与 TCP/IP 主机通信，因为两者的协议是不同的，所以不能直接访问。它们之间的通信必须由网关来完成，网关的作用是为 NetWare 产生的报文加上必要的控制信息，将它转换成 TCP/IP 主机支持的报文格式。当需要反方向通信时，网关同样要完成 TCP/IP 报文格式到 NetWare 报文格式的转换。

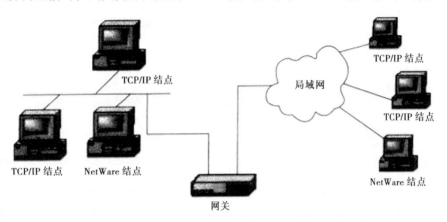

图 4-12　网关的工作原理

4.3　网络规划与设计

在信息时代，网络技术迅速发展，网络规模越来越大。互联网从封闭式、自成体系的网络系统环境到开放式的网络系统环境，任何一个网络系统工程项目，都是从需求分析开始，按照实际情况进行网络系统的设计，根据设计完成网络系统的实施，随着网络系统的运行加以必要的网络系统管理、维护和升级等。

4.3.1　网络规划与设计的基本原则

网络规划是一个网络工程项目的开始，有以下设计原则。

1. 先进性与实用性原则

采用最先进的组网技术，选用先进可靠和高质量的网络设备，选用符合国际化标准和工业标准的通信协议和设备，可与其他系统联网和通信。能满足性能要求，易于操作、管理和维护，易于学习、掌握和应用，人机界面友好，应用环境良好。

2. 可扩展性与开放性原则

选用的设备、软件和通信协议符合国际标准或工业标准。使网络硬件环境、软件环境、通信环境、操作平台与高层应用系统之间的相互依赖性减至最小，便于发挥各自的优势。能很好地与其他网络互联，设计时考虑到网络的发展和网络规模的扩大，采用易扩展的网络结构。

3. 可靠性与安全性原则

采用最新的各种容错技术，使网络系统有较高的可靠性。系统对各级网络有监测和管理能力。采用划分虚拟网段、子网隔离、"防火墙"等安全控制措施。网络的安全可靠性是网络的一个重要的指标，计算机网络系统必须绝对可靠，特别是现在，网络上各种安全问题的出现，对网络安全的性能可靠性要求日益增加。

4．经济性与可扩充性原则

设计网络系统的目的在于应用，所以要求建成就能使用，不要盲目地追求新的设备，要尽可能地利用现有的设备，力求使网络既满足目前需要，又能适应未来发展，同时达到较好的性价比。在达到总设计目标的前提下，争取高的性/价比。网络应有良好的可扩充性，随着网络技术的不断发展和增加新的任务、扩充新的能力，系统应能方便升级且能最大限度保护现有的投资。

5．易管理性原则

选用先进的网络管理平台，集中对全网设备实施具体到端口的管理能力。选用的网络设备都应易于管理、易于维护、操作简单、易学易用，便于进行网络配置，发现故障。

4.3.2　网络规划与设计的一般步骤

实施网络工程的首要工作就是要进行需求分析，掌握企业单位的业务要求后，通过科学合理的规划，能够用最低的成本建立最佳的网络，达到最高的性能，提供最优的服务。

网络规划与设计的一般步骤，主要包括需求分析、网络规划和网络总体设计等三部分。

1．需求分析

需求分析是从软件工程和管理信息系统引入的概念，是任何一个工程实施的第一个环节，也是关系到一个网络工程成功与否的最重要环节。

需求分析是网络规划的基础，合理的网络规划目标是使设备的能力与单位的业务要求匹配，选择的设备要满足目前和将来的业务需要。在此前提下专业人员组成的分析小组，进行深入调查，完成系统的需求分析。

需求分析包括以下6个方面。

① 用户建网的目标：了解用户需要通过组建网络解决的问题，用户希望网络提供的应用和服务。

② 网络的物理布局：考虑用户的位置、距离、环境，进行实地查看。

③ 用户的设备要求：了解用户数目、现有物理设备情况以及还需配置设备的类型、数量等。

④ 通信类型和通信负载：根据数据、语音、视频及多媒体信号的流量等因素对通信负载进行估算。

⑤ 网络安全程度：了解网络的安全性需求，根据需求选用不同类型的防火墙及采取的安全措施。

⑥ 网络总体设计：网络总体设计是网络设计的主要内容，关系到网络建设的质量，包括局域网技术选型、网络拓扑结构设计、地址规划、广域网接入设计、网络可靠性与容错设计、网络安全设计和网络管理设计等。

2．网络规划

网络规划的主要任务是对需求分析的技术性论证，把用户提出的问题和要求，通过网络方面、技术方面的分析，提出网络系统方案。在该方案中包括对网络系统的需求分析、可行性研究、网络的设计、结构化布线等内容。

（1）一般的网络规划需要考虑的问题

● 采用何种或哪几种网络协议？

- 采用什么类型的网络拓扑结构？
- 采用什么样的服务程序？
- 如何加强网络的安全性？
- 选择什么样的网络速度？
- 如何在满足需求的基础上减少建设费用？

（2）网络设计中需特别注意的因素

- 网络的可扩展性。
- 冗余性。
- 容错性。

（3）网络系统的需求分析

- 确定网络服务软件。
- 了解网络服务范围。
- 确定网络操作系统。
- 了解地理布局。
- 了解用户设备的需求。
- 确定服务器。
- 网络系统需求分析。
- 通信类型。
- 网络拓扑结构。
- 网络工程经费投资。

（4）可行性研究

- 用户目标及系统目标的一致性。
- 组网方案中的技术条件和难点的分析。
- 对现行系统的简要分析。
- 成本和效益分析。
- 成本估算。
- 网络的运行和维护费用。
- 经济效益估算。

（5）网络的设计

- 网络拓扑设计。
- 网络协议的选择。
- 地址分配与子网设计。
- 物理介质设计。
- 编写网络系统文档。

3．网络总体设计

（1）网络功能设计

总体来说，网络功能是由网络规划决定的，但在具体的应用环境中，网络功能需求左右着网络中所采用的技术和设备的档次。应当考虑在网络中传输的数据类型和网络传输实时性的要求。

（2）网络拓扑结构设计

网络拓扑结构是网络逻辑设计的第一步，主要确定各种设备以什么方式互连。在设计时应考虑网络的规模、网络体系结构、所采用的协议等各方面的因素。大、中型网络系统主要采用分层的设计思想，可以方便地分配与规划带宽，有利于均衡负荷，提高网络效率，是解决网络系统规模、结构和技术的复杂性的有效方法。大中型企业网、校园网或机关办公网基本上都采用 3 层网络结构：核心层、汇聚层、接入层。其中，核心层网络用于连接服务器集群、各建筑物子网交换路由器，以及与城域网连接的出口；汇聚层网络用于将分布在不同位置的子网连接到核心层网络，实现路由汇聚的功能；接入层网络用于将终端用户计算机接入网络之中。

通常，核心层设备之间、核心层设备与汇聚层设备之间使用具有冗余链路的光纤连接；汇聚层设备与接入层设备之间、接入层设备与用户计算机之间可以视情况而选择价格低廉的非屏蔽双绞线（UTP）连接。如果结点数为 250~5 000 个，一般需要按 3 层的结构设计；如果结点数为 100~500 个，可以不设计接入层网络；如果结点数为 5~250 个，也可以不设计接入层网络和汇聚层网络。

（3）传输带宽设计

计算机网络系统的带宽应满足实际应用需要，确保网络建设的可操作性和可用性，同时兼顾未来发展的需求，具有良好的可扩展性。一般来说，主要考虑正常的办公需求，能支持文件与数据的传输、访问和共享，能适应桌面计算机处理、I/O 能力大幅度提高的现状，发挥桌面机的网络性能，提高桌面的访问带宽；还要考虑到图形应用程序、视频和其他大数据量的电视会议、远程办公等的综合化传输需要，通过交换技术增加网络带宽的分配。

（4）网络操作系统选择

目前，广泛采用的网络操作系统主要有 NetWare、UNIX、Linux、Windows Server 等。不同网络操作系统是建立在某一种网络体系基础之上的。例如，UNIX 网络操作系统一般要求采用 TCP/IP 网络体系，NetWare 网络操作系统则一般要基于 Novell NetWare 网络体系，而 Windows Server 在网络系统应用中是基于视窗环境的，目前 Windows Server 最新版本是 Windows Server 2019。

（5）网络技术应用设计

① 网络技术选取和布线。在网络设计阶段，所选技术应当满足"成熟可靠、先进完整、安全开放、兼顾扩展"的基本准则。布线的好坏将直接影响网络性能，应充分考虑传输速率、传输距离、原有网络、性价比等问题。

② 设备选型。设备选型主要是对互联设备的选择，如用户接入层应该选用与传输速率相符的交换机，利用其端口与用户计算机的网卡相连。再如在汇聚层是用高端路由器还是主干交换器，在核心层使用主干路由器还是核心交换机，都应根据实际性价比进行选取。

③ IP 地址分配与子网划分。

a. 体系化编址。应根据具体需求和组织结构为原则，对整个网络地址进行有条理的规划。可以在网络组建前配置一张 IP 地址分配表，对网络各子网指出相应的网络 ID，对各子网中的主要层次指出主要设备的网络 IP 地址，对一般设备指出所在的网段。

注意：初期规划时需为将来的网络拓展考虑，留有充分可扩充的区块。

b. 按需分配公网 IP。相对于私有 IP，公网 IP 不能由自己设置，由 ISP 等机构统一分配和租用。

c．静态和动态分配地址的选择。需要按实际的网络结构和需求来考虑，其中一个关键因素是网络规模的大小，这直接决定了网络管理员的工作量。简单来说，大型企业和远程访问的网络适合动态地址分配，小型局域网和对外提供服务的主机适合静态地址分配。

4.3.3 结构化布线的产生和发展

1．结构化布线的概念

结构化布线系统是一个能够支持任何用户选择话音、数据、图形图像应用的电信布线系统。系统应能支持话音、图形、图像、数据多媒体、安全监控、传感等各种信息的传输，支持 UTP、光纤、STP、同轴电缆等各种传输介质，支持多用户多类型产品的应用，支持高速网络的应用。

2．结构化布线的产生

20 世纪 90 年代，非屏蔽双绞线在电信业得到了广泛的应用。为了节约资本，提高电缆的复用，人们将电话线路的连接方法应用到网络的布线中，就产生了最早的计算机网络布线系统。

3．结构化布线的发展

1984 年，世界上第一座智能大厦产生。人们对美国哈特福特市的一座大楼进行改造，对空调、电梯、照明、防火防盗系统等采用计算机监控，为客户提供话音通信、文字处理以及情报资料等信息服务。

1985 年初，计算机工业协会（CCIA）提出对大楼布线系统标准化的倡议，美国电子工业协会（EIA）和美国电信工业协会（TIA）开始标准化制定工作。

1991 年 7 月，ANSI/EIA/TIA568（即《商业大楼电信布线标准》）问世，同时，与布线通道及空间、管理、电缆性能及连接硬件性能等有关的相关标准也同时推出。

1995 年底，EIA/TIA 568 标准正式更新为 EIA/TI A/568A，同时，国际标准化组织（ISO）标准出相应标准 ISO/IEC/IS11801。

4．结构化布线的优点

① 结构清晰，便于管理与维护。
② 材料统一、先进，适应于今后的发展需要。
③ 灵活性强，适应各种不同的需求。
④ 便于扩充，既节约了费用，又提高了系统的可靠性。

5．综合布线系统的结构

综合布线是建筑物内或建筑群之间的一个模块化、灵活性极高的信息传输通道，是智能建筑的"信息高速公路"。

6．综合布线系统的组成

① 工作区子系统。
② 水平布线子系统。
③ 垂直布线子系统。
④ 设备间子系统。
⑤ 管理子系统。
⑥ 建筑群子系统。

本章小结

　　传输介质是网络中信息传输的媒体，是网络通信的物质基础之一。在计算机网络中使用的传输介质可以分为有线传输介质和无线传输介质，其中有线传输介质主要包括：双绞线、同轴电缆和光纤等，也是信号传输的媒体。

　　网络连接设备是用来连接网络的产品。局域网设备包括网卡、集线器、交换机、路由器等，连接网间网络的设备基本上可分为中继器、网桥、路由器和网关四类。

　　网络规划与设计的一般步骤，主要包括需求分析、网络规划和网络总体设计等三部分。

 习　　题

一、填空题

1. 二类双绞线的传输速率最高可达到_____。

2. 三类双绞线的传输速率为_____。

3. 四类双绞线的传输速率最高可达到_____。

4. 五类双绞线的传输速率最高可达到_____。

5. 在计算机网络中最常用_____、_____类双绞线。

6. 计算机网络使用双绞线连接时，常用_____接头。

7. 使用 RJ-45 线材时，原则上每个区段的长度不可超过_____。

8. 同轴电缆每个区段干线长可达_____。

9. 使用 RG-58（T 型接头）连接局域网，不使用其他设备的前提下可连接_____台计算机。

10. 屏蔽双绞线的带宽，在理论上 100 m 内可达到_____。

11. 50Ω 基带电缆每段可支持_____个设备。

12. FDDI 光纤分布式接口标准中采用_____规格的光纤。

13. 按现代技术，光纤能支持_____距离范围内传输不用转发器。

14. 计算机网络使用 Null Modem 连接时，常用_____接头。

15. 典型的物理层接口是_____。

16. Hub 和网卡之间通过发出"滴答（hear_beat）"脉冲确认物理链接的连通性，滴答脉冲的发生周期是_____。

17. 局域网数据交换技术包括_____。

18. 数据报方式与虚电路方式的主要区别是_____。

19. 连接不同类型 LAN 的网桥是_____。

20. 用于连接两端相距小于 100 m 的同等类型网络的双端口网桥是_____。

21. 支持广域网接口的网桥是_____。

22. 路由器工作在 ISO/OSI 模型的_____。

23. 路由器选择最佳传输路径的根据是_____。

24. 在调制解调器上，表示该设备已经准备好，可以接收相连的计算机所发送来的信息的指示灯是_____。

25. 网络系统规划与设计的一般步骤应为_____→_____→_____。

26. 网络选用的通信协议和设备符合国际化标准和工业标准，可与其他系统联网和通信，是指网络系统具有_____。

27. _____是局域网互联的最简单设备，它工作在 OSI 体系结构的物理层，它接收并识别网络信号，然后再生信号并将其发送到网络设备的其他分支上。

28. _____工作于 OSI 体系机构的数据链路层。

29. _____工作在 OSI 体系结构的网络层。

二、选择题

1. 在计算机网络中最常用（   ）类双绞线。

    a. 1   b. 2   c. 3   d. 4

    e. 5

    A. a 和 b   B. b 和 d   C. a 和 e   D. c 和 e

2. 计算机网络使用双绞线连接时，常用（   ）接头。

    a. RJ-45   b. RJ-11

    A. a   B. b   C. a 和 b   D. 都不是

3. 5 类双绞线可应用于下列哪种网络结构中？（   ）

    a. ATM   b. 10Base-T   c. 100Base-T   d. 1 000Base-T

    A. a   B. b，c，d   C. b   D. a, b, c, d

4. 计算机网络使用 Null Modem 连接时，常用（   ）接头。

    a. RJ-45   b. RJ-11   c. RS-232

    A. a   B. b   C. a 和 b   D. c

5. RS-232C 接口的引脚信号包括（   ）。

    a. 数据线   b. 控制线   c. 信号线

    A. 只有 a   B. 只有 b   C. 只有 a 和 b   D. a,b,c

6. Hub 的功能包括（   ）。

    a. 从网卡接收信号，并将之再生和广播到其上每一接口

    b. 自动检测碰撞的产生，并发出阻塞 Jam 信号

    c. 自动隔离发生故障的网络工作站

    d. 连接网卡，使网络工作站与网络之间形成点对点的连接方式

    A. a,b   B. a,d   C. a,c   D. a,b,c,d

7. 局域网线路交换方式的通信过程包括（   ）。

    a. 线路建立阶段   b. 数据传输阶段   c. 线路释放阶段

    A. a,b   B. a,c   C. c   D. a,b,c

8. 下列有关线路交换方式的说法中，正确的是（   ）。

    a. 线路交换通信子网中的结点是电子或机电结合的交换设备，完成输入线路与输出线路的物理链接

    b. 交换设备和线路分为模拟和数字两类

    c. 通信子网中结点设备不存储数据，不能改变数据内容，不具备差错控制能力

    d. 线路交换的实时性强，适用于交互式会话类通信

    e. 线路交换对突发性通信不适应

    A. a,c   B. a,c,d   C. a,c,d,e   D. a,b,c,d,e

9. 存储转发交换方式与线路交换方式的主要区别表现在（　　　）。

    a. 发送的数据具有一定的格式

    b. 通信子网的结点能够完成数据单元的接收、差错校验、存储、路由和发送功能

    c. 线路利用率高

    d. 可以动态选择最佳路由

    e. 可以对不同数据格式进行转换

    A. b   B. d   C. b,d   D. a,b,c,d,e

10. 网桥包括种类有（　　　）。

    a. 合网桥   b. 明网桥   c. 源路由网桥   d. 源路由透明网桥

    e. 本地网桥   f. 远程网桥   g. 多端口网桥   h. 交换式网桥

    i. 模块化网桥

    A. a,b,c,d   B. e,f

    C. g,h,i   D. a,b,c,d,e,f,g,h,i

11. 网桥在网络中的作用包括（　　　）。

    a. 用于网络互联 b. 提高网络性能   c. 接入控制   d. 故障处理

    A. a   B. c   C. a,c   D. a,b,c,d

12. 路由器用于（　　　）。

    a. 异种网络互联 b. 多个子网互联   c. 局域网与广域网互联

    A. a   B. b   C. c   D. a,b,c

13. 路由器选择最佳传输路径的根据是（　　　）。

    a. 路由算法   b. 路由表   c. 协议   d. 目的地址

    A. a   B. b   C. a,b   D. a,b,c,d

14. 为使整个网络系统的建设更合理、更经济、性能更良好，网络规划与设计应遵循（　　　）的原则。

    a. 认真做好需求分析

    b. 要充分保证网络的先进性、可靠性、安全性与实用性

    c. 统一建网规模，确定总体架构，保证网络功能的完整

    d. 保证网络的可扩展性

    e. 保证网络的安全

    f. 具有良好的可维护性

    A. a,b,c   B. b,c,d   C. c,d,e,f   D. a,b,c,d,e,f

15. 服务器选择原则中的 MAPSS，是指（　　　）原则。

    a. 可管理性   b. 可用性   c. 高性能   d. 服务

    e. 可约成本

    A. a,b,c   B. b,c,d   C. c,d,e   D. a,b,c,d,e

16. 结构化布线是指（　　　）方式在建筑群中进行线路布置。

    a. 标准化   b. 简洁化   c. 结构化   d. 复杂化

    A. a,b,c   B. b,c,d   C. c,d   D. a,b,c,d

第5章

网络管理与网络安全

随着 Internet 在世界范围的普及,计算机网络逐渐成为人们获取信息、发布信息的重要途径,高速网络使人们更好、更方便地感受到高科技带来的便捷与高效。这时的网络管理不再局限于保证文件的传输,而是保证连接网络的网络对象的正常运转,保证网络的运行性能,但网络在长期运行过程中不可避免会出现各种各样的问题,网络管理变得日益重要,网络管理系统因此也越来越复杂,网络管理已发展成为计算机网络领域中的一项重要技术。

5.1 网络管理概述

网络管理包括对硬件、软件和人力的使用、综合与协调,以便对网络资源进行监视、测试、配置、分析、评价和控制。另外,当网络出现故障时能及时报告和处理,并协调、保持网络系统的高效运行等。网络管理常简称为网管。

5.1.1 网络管理的基本概念

网络管理,从广义上讲,任何一个系统都需要管理,只是根据系统的大小、复杂性的高低,管理在整个系统中的重要性也就有重有轻。

1.网络管理的定义

网络管理是指对网络运行状态进行监测和控制,使其能够有效、可靠、安全、经济地提供服务。网络管理包含两个任务:一是对网络的运行状态进行监测;二是对网络的运行状态进行控制。通过监测可以了解网络状态是否正常,当网络出现故障时能及时做出报告和处理;通过控制可以对网络状态进行合理调节,从而提高性能,保证服务。

2.网络管理的对象

计算机网络管理涉及网络中的各种资源,可分为两大类:硬件资源和软件资源。

硬件资源是指物理介质、计算机设备和网络互联设备。物理介质通常是物理层设备,如网卡、双绞线等;计算机设备包括打印机和存储设备及其他计算机外围设备;常用的网络互联设备有中继器、网桥、路由器、网关等。

软件资源主要包括操作系统、应用软件和通信软件。通信软件是指实现通信协议的软件。另外,软件资源也包括路由器软件、网桥软件等。

3.网络管理的目标

网络管理的目标是满足运营者及用户对网络的有效性、可靠性、开放性、综合性、安全性和经济性的要求。

4．网络管理系统

现代计算机网络管理系统主要由 4 个要素组成：若干被管的代理（Agent）；至少一个网络管理器（Manager）；一种公共网络管理协议（如 SNMP、CMIP）；一种或多种管理信息库（MIB）。其中，网络管理协议定义了网络管理器与被管代理间的通信方法，规定了管理信息库的存储结构、信息库中关键字的含义以及各种事件的处理方法。

在网络管理系统中，网络资源常被表示为对象。所谓对象，是指一个表示被管资源某一方面的信息变量，每个信息变量包含变量名、变量的数据、变量的属性、变量的值。

对象的集合被称为管理信息库（MIB）。MIB 主要用来存储网络管理信息，它能够被网络管理站和被管代理共享。管理站和被管代理的信息交换通过 SNMP 来实现。

5.1.2 网络管理软件

网络管理系统基本上都是由支持网络管理协议的网络管理软件平台、支撑软件、工作平台和支撑网络管理协议的网络设备组成。其中，网络管理软件平台提供网络系统的配置、故障、性能及网络用户分布方面的基本管理，也就是说，网络管理的各种功能最终会体现在网络管理软件的各种功能的实现上，网络管理软件是网管系统的"灵魂"，是网管系统的核心。

网络管理软件的功能可以归纳为 3 个部分：体系结构、核心服务和应用程序。

① 体系结构：网络管理软件需要提供一种通用的、开放的、可扩展的框架体系。为了向用户提供最大的选择范围，网络管理软件应该支持通用平台，如既支持 UNIX 操作系统，又支持 Windows NT 操作系统。网管软件既可以是分布式的体系结构，也可以是集中式的体系结构，实际应用中一般采用集中管理子网和分布式管理主网相结合的方式。同时，网络管理软件是在基于开放标准的框架的基础上设计的，它应该支持现有的协议和技术的升级。开放的网络管理软件可以支持基于标准的网络管理协议，如 SNMP 和 CMIP，也必须能支持 TCP/IP 协议族及其他的一些专用网络协议。

② 核心服务：网络管理软件应该能够提供一些核心的服务来满足网络管理的部分要求。核心服务是一个网络管理软件应具备的基本功能，包括网络搜索、查错和纠错、支持大量设备、友好操作界面、报告工具、警报通知和处理、配置管理等。

③ 应用程序：为了实现特定的事务处理和结构支持，网络管理软件中有必要加入一些有价值的应用程序，以扩展基本功能，比如高级警报处理、网络仿真、策略管理和故障标记等。

网络管理系统开发商针对不同的管理内容开发相应的管理软件，形成了多个网络管理方面。目前主要的几个发展方面有：网管系统（NMS）、应用性能管理（APM）、桌面管理（DMI）、员工行为管理（EAM）、安全管理。

总体来说，使用网络管理软件可以实现先进的网络管理功能，加强网络管理的能力，监控管理网络，实时查看全网的状态，检测网络性能可能出现的瓶颈，并进行自动处理或告警显示，以保证网络高效、可靠的运转，提高网络的使用效率，有效地管理和节省企业用人成本，保障企业经营，减少因网络故障而带来的巨大损失。为实现提高生产力、工作效率和保障企业效益的最大化打下基础。

5.1.3 网络管理的基本功能

在实际网络管理过程中，网络管理应具有非常广泛的功能，涵盖很多方面。在 OSI 网络管理标准中定义了网络管理的五大功能：配置管理、性能管理、故障管理、安全管理、计费管理。

1．配置管理（Configuration Management）

配置管理是最基本的网络管理功能，是指定义、收集、监测和管理配置数据的使用。配置管理的目的是为了实现某个特定功能或是使网络性能达到最优。配置管理功能包括资源清单管理、资源开通以及业务开通。

配置管理是一个中长期的活动。它的功能主要包括：

① 设置开放系统中有关路由操作的参数。

② 对被管理对象或被管理对象组名字的管理。

③ 初始化或关闭被管对象。

④ 根据需求收集系统当前状态的有关信息。

⑤ 获取系统重要变化信息。

⑥ 更改系统的配置，为通信系统提供网络管理初始化数据等。

2．性能管理（Performance Management）

性能管理是指收集和统计数据，用于对系统运行及通信效率等系统性能进行评价，目的是维护网络服务质量和网络运营效率。性能管理包括性能监测、性能分析以及性能管理控制功能。同时，还提供性能数据库的维护以及发现性能严重下降时启动故障管理系统的功能。

性能管理的一些典型功能包括：

① 收集统计信息。

② 维护并检查系统状态日志。

③ 确定自然和人工状况下系统的性能。

④ 改变系统操作模式以进行系统性能管理的操作等。

通过监视跟踪网络活动和调整设置改善网络性能，减少网络拥挤和不通行现象，以保证网络资源的最优化利用。

3．故障管理（Fault Management）

故障管理是指网络系统出现异常时的管理操作，是检测、定位和排除网络软硬件故障的最基本功能之一。它的主要任务是发现和排除网络故障。故障管理用于保证网络资源无障碍、无错误地运营，包括障碍管理、故障恢复和预防保障。

故障管理包括以下的典型功能：

① 维护并检查错误日志。

② 接收错误检测报告并做出响应。

③ 跟踪、辨认诊断测试。

④ 执行诊断测试、纠正错误等。

网络故障主要发生在硬件、软件、电缆系统上。查找网络硬件故障的手段包括诊断程序、诊断设备、人工查错。检查硬件故障依据的网络参数是帧头长度、帧顺序、CRC 错、冲突的频度，查找网络软件错误的有效工具是规程分析仪，它能够对网络分析除错并进行网络效率管理。

4．安全管理（Security Management）

安全管理是指对授权机制、访问机制、加密和密钥的管理，维护和检查安全日志。目的是提供信息的隐私、认证和完整性保护机制，使网络中的服务、数据以及系统免受侵扰和破坏。

安全管理的主要功能包括：风险分析功能，安全服务功能，告警、日志和报告功能，网络管理系统保护功能，标志重要的网络资源，确定重要的网络资源和用户集间的映射关系，监视对重要网络资源的访问，记录对重要网络资源的非法访问等。

5. 计费管理（Accounting Management）

计费管理是指记录网络资源的使用情况，控制和检测网络操作的费用。

计费管理通常包括以下几个主要功能：

① 计算网络建设和运营成本，主要成本包括网络设备器材成本、网络服务成本、人工费用等。

② 统计网络及其所包含的资源利用率。

③ 联机收集计费数据。

④ 计算用户应支付的网络服务费用。

⑤ 账单管理：保存收费账单及必要的原始数据，以备用户查询和置疑。

计费系统还具有安全功能，能记录用户对网络资源的使用情况，还提供错误报告清单，利于防止故障发生。

5.1.4 网络管理协议

网络管理系统中最重要的部分就是网络管理协议，它定义了网络管理与被管代理间的通信方法。

随着网络的不断发展、规模增大、复杂性增加，简单的网络管理技术已不能适应网络迅速发展的要求。人们通过对网络管理的研究，提出了多种网络管理方案，目前，有影响的网络管理协议是因特网工程任务组（The Internet Engineering Task Force，IETF）提出的基于TCP/IP 协议集的 SNMP（1988）和 ISO 提出的基于 OSI 七层协议模型的 CMIP（1989），代表了两大网络管理解决方案。CMIS/CMIP 是 20 世纪 80 年代中期国际标准化组织（ISO）和 CCITT 联合制订的网络管理标准。IETF 为了管理以几何级数增长的 Internet 用户，决定采用基于 OSI 的 CMIP 协议作为 Internet 的管理协议，并做了修改，修改后的协议被称作 CMOT。SNMP 网络管理体系结构是为了管理基于 TCP/IP 协议的网络而提出的，与 TCP/IP 协议与 OSI 协议的关系类似，SNMP 与 CMIP 相比，突出的特点是简单。这一特点使 SNMP 得到了广泛的支持和应用，特别是在 Internet 上的成功应用，使得它的重要性越来越突出，目前已经成为 CMIP 之外的最重要的网络管理体系结构。

1. SNMP 概述

SNMP（Simple Network Management Protocol，简单网络管理协议），是专门设计用于 IP 网络管理网络结点（服务器、工作站、路由器、交换机及 HUB 等）的一种标准协议，它位于 ISO/OSI 参考模型的应用层。

从被管理设备中收集数据有两种方法：一种是只轮询（Polling-Only）的方法，另一种是基于中断（Interrupt-Based）的方法。SNMP 采用轮询监控方式，主要对 ISO/OSI 七层模型中的较低层次进行管理。管理者按一定时间间隔向代理获取管理信息，并根据管理信息判断是否有异常事件发生。当管理对象发生紧急情况时，可以使用称为 trap 信息的报文主动向管理者报告。轮询监控的主要优点是对代理资源要求不高，缺点是管理通信开销大。

SNMP 的基本功能包括网络性能监控、网络差错检测和网络配置等。

2．SNMP 管理模型

SNMP 的网络管理模型包括以下关键元素：管理站、代理者、管理信息库、网络管理协议。

① 管理站：一般是一个分立的设备，也可以利用共享系统实现。管理站被作为网络管理员与网络管理系统的接口。它的基本构成为：一组具有分析数据、发现故障等功能的管理程序；一个用于网络管理员监控网络的接口，将网络管理员的要求转变为对远程网络元素的实际监控的能力；一个从所有被管网络实体的管理信息库（MIB）中抽取信息的数据库。

② 代理者：装备了 SNMP 的平台，如主机、网桥、路由器及集线器均可作为代理者工作。代理者对来自管理站的信息请求和动作请求进行应答，并随机地为管理站报告一些重要的意外事件。

管理站和代理者之间通过网络管理协议通信，SNMP 通信协议主要包括以下能力：

- Get：管理站读取代理者处对象的值。
- Set：管理站设置代理者处对象的值。
- Trap：代理者向管理站通报重要事件。

③ 管理信息库：SNMP 中的对象是表示被管资源某一方面的数据变量，有变量名、变量的数据、变量的属性、变量的值等。被管对象必须维持可供管理程序读写的若干控制和状态信息。对象被标准化为跨系统的类，对象的集合被组织为 MIB。

MIB 作为设在代理者处的管理站访问点的集合，管理站通过读取 MIB 中对象的值来进行网络监控。管理站可以在代理者处产生动作，也可以通过修改变量值改变代理者处的配置。

MIB 是一个树状结构（与域名系统 DNS 的树状结构相似，它的根在最上面，根没有名字），SNMP 协议消息通过 MIB 树状目录中的结点来访问网络中的设备。

④ 网络管理协议：管理站和代理者之间通过网络管理协议通信，SNMP 通信协议主要包括以下能力：

- 网络管理系统（NMS），通过运行应用程序来实现监控被管理设备的功能。另外，还为网络管理提供大量的处理程序及必需的存储资源。
- 被管理系统：指被管理的所有网络上的设备。被管理设备，有时称为网络单元，包括路由器、访问服务器、交换机和网桥、Hub、主机或打印机等。
- 网管协议：定义了管理者与代理之间的通信方法。被管理设备和 NMS 通过网络管理协议相互通信。

由于 SNMP 是为 Internet 而设计的，是一个应用层协议，而且是为了提高网络管理系统的效率，所以在 TCP/IP 网络中，网络管理系统在传输层和网络层之间采用了用户数据报（UDP）协议。

SNMP 有如下特点：

① 尽可能降低管理代理的软件成本和资源要求。

② 提供较强的远程管理功能，以适应对 Internet 网络资源的管理。

③ 体系结构具备可扩充性，以适应网络系统的发展。

④ 管理协议本身具有高度的通用性，可应用于任何厂商任何型号和品牌的计算机、网络和网络传输协议之中。

网络管理平台能支持各种专用应用系统共享平台提供的图形用户界面。网络管理平台可以通过对 SNMP 各代理的轮询以及接收代理发来的时间报文,创建和维护各种类型的数据库。网管平台能与被管设备通信、访问 MIB,形成综合数据库。

3．SNMP 操作

SNMP 仅支持对管理对象值的检索和修改等简单操作,包括:

① GetRequest 操作:用于管理进程从代理进程上面提取一个或者多个 MIB 参数值,这些参数值均在管理信息库中被定义。可以帮助管理者获得网络中某个路由器的某个端口状态。

② GetNextRequest 操作:从代理进程上面提取一个或多个参数的下一个参数值。

③ SetRequest 操作:设置代理进程的一个或多个 MIB 参数值。

④ GetResponse 操作:代理进程返回一个或多个 MIB 参数值,它是前面 3 种操作中的响应操作。

⑤ Trap 操作:这是代理进程主动向管理进程发出的报文,它标记出一个可能需要特殊注意的事件的发生。比如说重新启动可能就会触发一个 Trap 陷阱。

4．SNMP 的版本和特性

SNMP 发展至今有 3 个版本,SNMP v1、SNMP v2 和 SNMP v3。

（1）SNMP v1

SNMP v1 实现起来很简单并且对资源占用不多,但缺乏安全措施,无数据源认证,不能防偷听。

（2）SNMP v2

1993 年,IETF SNMP v2 工作组提出了 RFC1901～RFC1908,形成了 SNMP v2 的建议。SNMP v2 协议的形成源自于对 SNMP v1 实践中的经验和设计过程中的不断完善。

总体来说,SNMPv2 和 SNMP v1 的区别主要在于:

① SNMP v2 中定义了一个新的分组类型,给网络管理工作站增加一个成块读操作 get-bulk-request,当需要用一个请求原语提取大量数据（如读取某个表的内容）时,就可以调用它将被管理对象全部变量一次读出,大大提高了效率。

② 另一个新的分组类型是 inform-request,它使一个管理进程可以向另一个管理进程发送信息,并把 get-response 简化成更加合理的名称 response。trap 报文则已改为 snmpv2- trap,并与所有的协议报文具有同样的格式。

③ SNMP v2 定义了两个新的 MIB,它们是 SNMP v2 MIB 和 SNMP v2- M2M MIB（管理进程到管理进程的 MIB）。

④ SNMP v2 的安全性比 SNMP v1 也有很大提高。

在 SNMP v1 中,从管理进程到代理进程的共同体名称是以明文方式传送的;而 SNMP v2 可以提供鉴别和加密:SNMP v2 分别采用 MD5（Message Digest Algorithm 5,信息-摘要算法）和 DES（Data Encryption Standard,数据加密标准）作为身份鉴别协议和信息保密协议的算法。

⑤ SNMP v1 采用的是集中式网络管理模式;SNMP v2 既支持高度集中化的网络管理模式,也支持分布式网络管理模式。

（3）SNMP v3

1999 年 4 月,IETF SNMP v3 工作组提出了 RFC2571～RFC2576,形成了 SNMP v3 的建议。SNMP v3 提出了 SNMP 管理框架的一个统一的体系结构。在这个体系结构中,采用 User-based 安全模型和 View-based 访问控制模型提供 SNMP 网络管理的安全性。SNMP v3 的重点是安全机制、可管理的体系结构和远程配置。

5．通用管理信息协议（CMIP）概述

通用管理信息协议（Common Management Information Protocol，CMIP）是 OSI 提供的网络管理协议簇。可以提供完整的端到端管理功能，它覆盖了 OSI 的七层。但由于其复杂性，致使其开发缓慢，很少有适用的网络管理产品。OSI 网络协议旨在为所有设备在 OSI 参考模型的每一层提供一个公共网络结构，而 CMIP 正是这样一个用于所有网络设备的完整网络管理协议簇。

与 SNMP 一样，CMIP 也由被管代理、管理者、管理协议、管理信息库组成。出于通用性的考虑，CMIP 的功能和结构与 SNMP 不同，SNMP 是按照简单和易于实现的原则设计的，而 CMIP 则能提供支持一个完整网络管理方案所需的功能。CMIP 的整体结构建立在 ISO 参考模型基础之上，网络管理应用进程使用 ISO 参考模型中的应用层。而且在这层上，公共管理信息服务单元（Common Management Information Service Element，CMISE）提供了应用程序所使用的 CMIP 协议接口。同时该层还包括了两个 ISO 应用协议：联系控制服务元素（Association Control Service Element，ACSE）和远程操作服务元素（Remote Operations Service Element，ROSE），其中联系控制服务元素在应用程序之间建立和关闭通信连接，而远程操作服务元素则处理应用之间请求的传送和响应。另外，值得注意的是，OSI 没有在应用层之下特别为网络管理定义协议。

6．CMIP 的管理模型

CMIP 采用管理者/代理模型，对网络实体进行监控。这种管理控制方式称为委托监控。委托监控的主要优点是开销小、反应及时，缺点是对代理的资源要求高。

CMIP 的管理模型包括：

① 组织模型：用于描述管理任务如何分配。所有 CMIP 的管理者和被管代理者存在于一个或多个域中，域是网络管理的基本单元。

② 功能模型：描述了各种网络治理功能和它们之间的关系。CMIP 主要实现失效管理、配置管理、性能管理、记账管理和安全性管理。每种管理均由一个非凡管理功能领域（Special Management Functional Area，SMFA）负责完成。

③ 信息模型：提供了描述被管对象和相关治理信息的准则。CMIP 的 MIB 库是面向对象的数据存储结构，每一个功能领域以对象为 MIB 库的存储单元。

相较而言，SNMP 适用于在 LAN 中和对一些缺乏处理和存储能力的设备的管理，而 CMIP 强大的对等能力和对复杂系统的模型能力以及事件驱动的机制，使它适用于跨管理域实现对等实体间的相互作用。

7．局域网个人管理协议（LMMP）

局域网个人管理协议（LAN Man Management Protocol，LMMP）试图为局域网的管理提供一个解决方案。LMMP 以前被称为 IEEE 802 逻辑链路控制上的公共管理信息服务与协议。由于该协议直接位于 IEEE 802 逻辑链路层上，它可以不依赖于任何特定的网络协议进行网络传输。由于不依赖其他网络协议，所以 LMMP 比 CMIP 更易于实现，然而没有网络层提供路由信息，LMMP 信息不能跨越路由器，从而限制了它只能在局域网中发展。但是，跨越局域网传输局限的 LMMP 信息转换代理可克服这一问题。

5.2 网络故障与诊断

计算机网络是一个复杂的综合系统，引起网络故障的原因有很多，网络故障的现象种类繁多，按照网络故障的对象、性质或者故障出现的区域等方式来划分，网络故障有不同的分类。

5.2.1 网络故障分类

1．按网络故障对象的不同划分

（1）线路故障

线路故障是网络中最常见和多发的故障。出现线路故障时，应该先检测该线路上的流量是否还存在，然后用网络故障诊断工具进行分析处理。

（2）路由器故障

路由器故障也是网络中比较常见的故障，线路故障中很多情况都涉及路由器，因此也可以把一些线路故障归结为路由器故障。路由器故障比较典型的就是路由器 CPU 温度过高、CPU利用率过高和路由器内存余量太小等情况，一般可以利用网管系统中的专门进程不断地检测路由器的关键数据，并及时给出报警。要解决这种故障通常需要升级路由器、扩展内存等，或者重新规划网络的拓扑结构。

（3）网络服务器故障

网络服务器故障一般包括服务器硬件故障、操作系统故障和服务设置故障。当网络服务故障发生时，应当先确认服务器是否感染病毒或被攻击，然后检查服务器的各种参数设置是否正确合理。

2．按故障不同性质划分

（1）物理故障

物理故障也称硬件故障，是指由硬件设备引起的网络故障。硬件设备或线路损坏、线路接触不良等情况都会引起硬件故障。通常表现为网络不通或突然中断，一般可以观察硬件设备的指示灯或借助测试设备来排除故障。

（2）逻辑故障

逻辑故障也称软故障，主要指因为网络设备的配置错误或软件错误而导致的网络异常或故障。最常见的情况就是配置错误，可能是路由器端口参数设定有误，或路由器路由配置错误以至于路由循环或找不到远端地址，或者是路由掩码设置错误等。逻辑故障的另一类就是一些重要进程或端口关闭，以及系统的负载过高。一般可以通过 Ping 命令检测故障，并通过重新配置网络协议或网络服务来解决问题。

5.2.2 故障诊断工具

故障的正确诊断是排除故障的关键，Windows 2000 Server 中包括几种常用的网络故障测试诊断工具。

1．连通性测试程序

Ping 是 Windows 2000 Server 中集成的一个专用于 TCP/IP 协议网络中的测试工具，可以测试端到端的连通性以及信息包发送和接收状况。

Ping 命令格式为：Ping [参数1][参数2][…]目的地址

其中目的地址是指被测试计算机的 IP 地址或计算机名称。

Ping 的原理很简单，就是从源端到目的端发出一定数量的网络包，然后从目的端返回这些包的响应，如果在一定的时间内收到响应，则程序返回从包发出到收到的时间间隔，这样根据时间间隔就可以统计网络的延迟。如果网络包的响应在一定时间间隔内没有收到，则程序认为包丢失，返回请求超时的结果。这样如果让 Ping 一次发一定数量的包，然后检查收到相应的包的数量，则可统计出端到端网络的丢包率，而丢包率是检验网络质量的重要参数。

在局域网的维护中，经常使用 Ping 命令来测试网络是否通畅。使用 Ping 命令检查局域网上计算机的工作状态的前提是：局域网中的计算机必须已经安装了 TCP/CP 协议，并且每台计算机已经配置了固定的 IP 地址。

2．MIB 变量浏览器

MIB 变量浏览器是一种重要的网络管理工具，可以利用 MIB 变量浏览器取出路由器当前的配置信息、性能参数和统计数据等，对网络情况进行监视。比如，路由器的路由表、路由器的端口流量数据、路由器中的计费数据、路由器 CPU 的温度、负载以及路由器的内存余量等。

3．路由跟踪程序

路由跟踪程序 Traceroute 与 Ping 命令类似，但是它可以将端到端的线路按照线路所经过的路由器分成多段，然后每段返回响应与延迟，更容易找到故障出现的位置。它所获取的信息也比 Ping 命令详细得多，能把数据包所走的全部路径、结点的 IP 以及花费的时间都显示出来。Traceroute 比较适用于大型网络。

5.2.3　网络故障诊断

根据网络故障的分类，我们知道引起网络故障的原因有很多，通常有以下几种可能：物理设备相互连接失败或者硬件及线路本身的问题；网络设备的接口配置或网络协议配置错误；设备性能或老化的问题等。

网络故障的诊断主要包括：重现故障、分析与定位、隔离故障、故障排除和网络安全的检查几个步骤。

1．重现故障

考虑故障是偶然现象还是重复出现，是在进行什么操作后发生的还是系统运行在特定状态时自动发生的。如果有可能，想办法重现故障，以便进一步锁定故障范围。要注意的是，重现故障时，需要网管人员对网络故障具有比较好的判断能力，并做好适当的准备工作，以免故障在重现时导致网络崩溃、丢失数据甚至损坏设备。

2．分析与定位

重现故障后，可以根据收集的资料，一般按照以下步骤进行故障分析：

① 检查网络物理连接：

- 从服务器或工作站到接口的连接。
- 从数据接口到信息插座模块的连接。
- 从信息插座模块到信息插头模块的连接。
- 从信息插头模块到物理设备的连接。
- 设备的物理安装（网卡、集线器、交换机、路由器）。

② 检查逻辑连接：检查软硬件的安装、权限、配置等信息。

③ 参考近期的网络变化：如组建新的网络、重新调整网络线缆、增加新的网络设备。

根据网络故障的分析结果确定故障的类型并初步定位故障范围，并对故障进行隔离。从故障现象出发，以网络诊断工具为手段获取诊断信息，确定网络故障点，查找问题的根源。

3．隔离故障

定位故障范围以后，就是隔离故障。这主要有以下 3 种情况：

① 如果故障影响到整个网段，则应该通过减少可能的故障来源隔离故障。

② 如果故障能被隔离至一个结点，可以更换网卡，使用其他好的网卡驱动程序或是用一条新的电缆与网络连接。

③ 如果只是一个用户出现使用问题，检查设计该结点的网络安全系统。

4．排除故障

确定网络故障原因后，要采取一定的措施来隔离和排除故障。对硬件故障来说，最直接的措施就是维修或更换；对软件故障来说，解决办法就是重新安装有问题的软件，删除可能有问题的文件或卸载有问题的程序。

5．网络安全的检查

通常网络安全故障在排除后还要详细分析产生的原因，并对系统进行全面的安全检查，包括检查用户账户设置、共享权限设置、及时更新软件或下载最新的补丁、运行杀毒软件等，以确保系统的安全。

5.3　网络安全概述

随着计算机网络技术的发展，网络的安全性和可靠性成为各层用户共同关心的问题。人们都希望自己的网络能够更加可靠地运行，不受外来入侵者的干扰和破坏，所以解决好网络的安全性和可靠性是保证网络正常运行的前提和保障。

5.3.1　认识网络安全

网络安全，是指通过采取各种技术手段和管理措施，使网络系统的硬件、软件及其系统中的数据受到保护，不受偶然或者恶意的攻击而遭到破坏、更改、泄露，系统连续、可靠、正常地运行，网络服务不会中断。网络系统安全通过硬件技术（如通信线路、路由器、网桥等）、软件技术（加密软件、防火墙、防病毒软件等）和安全管理来实现网络信息的安全性和网络路由的安全性。

网络安全的唯一真正目标是通过技术手段保证信息的安全，具体来说应当满足：

① 身份真实性，即能对通信实体身份的真实性进行鉴别。

② 信息机密性，即保证机密信息不会泄露给非授权的人或实体。

③ 信息完整性，即保证数据一致性，能够防止数据被非授权用户或实体建立、修改和破坏。

④ 服务可用性，即保证合法用户对信息和资源的使用不会被不正当地拒绝。

⑤ 不可否认性，即建立有效的责任机制，防止实体否认其行为。

⑥ 系统可靠性，即能够控制使用资源的人或实体的使用方式。

⑦ 系统易用性，即在满足安全要求的条件下，系统应当操作简单、维护方便。

⑧ 可审查性，即对出现的网络安全问题提供调查的依据和手段。

5.3.2 网络安全威胁与安全漏洞

1. 安全威胁

计算机网络系统的安全威胁来自多方面，可以分为被动攻击和主动攻击两类。被动攻击不修改信息内容，如偷听、监视、非法查询、非法调用等；主动攻击则破坏数据的完整性，删除冒充合法数据，制造假数据进行欺骗，甚至干扰整个系统的正常进行。一般认为，黑客攻击、计算机病毒和拒绝服务攻击等3个方面是计算机网络系统受到的主要威胁。

（1）黑客攻击

黑客使用专用工具和采取各种入侵手段非法进入网络、窃取信息、攻击网络。

（2）计算机病毒

计算机病毒侵入网络，对网络资源进行破坏，使网络不能正常工作，甚至造成整个网络的瘫痪。

（3）拒绝服务攻击

攻击者在短时间内发送大量的访问请求，以消耗目标服务器端资源为目的，通过伪造服务器处理能力的请求数据造成服务器相应阻塞，使服务器不能提供正常的服务。

2. 安全漏洞

网络系统的安全漏洞大致可分为以下3个方面。

（1）网络的漏洞

这些漏洞包括网络传输时对协议的信任以及网络传输的漏洞。比如 IP 欺骗就是利用网络传输时对 IP 和 DNS 的信任。由于 TCP/IP 对所传送的信息不进行数据加密，黑客只要在用户的 IP 包经过的一条路经上使用专用工具就可以窃取用户的口令。

（2）服务器的漏洞

利用服务进程的 bug 和配置错误，任何向外提供服务的主机都有可能被攻击。这些漏洞常被获取对系统的访问权。例如，防火墙的主要作用就是对网络进行保护以防止受到其他网络的影响。因此防火墙的口令如果长期不更改，甚至有些没有口令，这将会对网络系统安全产生严重的威胁。其他的漏洞还有：访问权限不严格，防火墙本身技术的漏洞等。

（3）操作系统的漏洞

操作系统的漏洞实际上是软件设计中存在的缺陷，又称 bug。UNIX 操作系统存在许多安全漏洞，如著名的 Internet 蠕虫事件就是由 UNIX 的安全漏洞引发的。

此外，还有网络管理人员在日常管理维护系统时安全配置不当等造成的安全漏洞。

5.3.3 网络安全防范措施

1. 重视对用户的安全教育，增强用户的安全意识

一方面，要在广大计算机用户中宣传社会的法律政策、企业的规章制度，进行网络安全教育，使大家认识到非授权访问、非法侵入、制造病毒、窃取数据等行为对社会带来的严重后果以及个人应承担的法律责任；另一方面，增强用户的自我安全保护意识，提高业务水平，严格按系统安全规定的程序操作。

2．技术方面的措施

（1）架设防火墙

当局域网连接到 Internet 上时，为了防止非法入侵，确保网络安全最有效的防范措施之一就是在局域网和外部网络之间设置一个防火墙，用于分隔局域网和外部网络的地址，使外部网络无从查探局域网的 IP 地址，从而无法与内部系统发生直接的数据交流，而只能通过防火墙过滤后方能与内部发生信息交换。防火墙是能够增强内部网络安全性的一组系统，它用于加强网络间的访问控制，防止外部用户非法使用内部网络的资源，保护内部网络的设备不被破坏，防止内部网络的敏感数据被窃取。防火墙系统决定了哪些内部服务可以被外界访问、哪些外部服务可以被内部人员访问，所有进入 Internet 的信息都必须经过防火墙，接受防火墙的检查，并且只允许获得授权的数据通过。

（2）病毒防护技术

病毒防护是计算机病毒的预防、检测和消除的总称。这是系统安全管理和日常维护的一个重要方面，无论是系统管理人员还是使用人员，都应当充分重视。计算机系统的管理和使用制度中，应当有防范病毒的有关规定。有关人员应当会使用防病毒卡或其他软、硬件方法防止病毒入侵；应当会使用病毒防护软件和有关工具软件进行检测和消除。一旦受到病毒入侵，应当能够及时发现，采取有效措施恢复系统的正常运行，力争恢复受到影响的有关数据；为做到这一点，往往还需要事先有一定的准备。

（3）入侵检测技术

入侵检测技术是新一代的系统安全保障技术，在防火墙与数据加密等传统的计算机网络安全防范技术的基础上构建而成。入侵检测能够实现对计算机网络信息与资源中包含或隐藏的恶意行为进行响应和识别。在检测外部网络环境的入侵行为的同时，对内部用户的非法活动进行授权判断。入侵检测技术能够在不同的网络资源和系统中获取所需的信息，包括网络路由的信息，以及路由过程中对入侵的行为和异常的信号进行识别，及时做出反应，从而获得足够的防范时间。在授权的情况下能够对威胁进行直接的主动响应，降低威胁带来的影响和破坏。入侵检测的主要技术有攻击检测技术、数据收集技术和响应技术。

（4）访问权限控制

访问权限控制的基本任务是防止非法用户进入系统及防止合法用户对系统资源的非法使用。在开放系统中，网上资源的使用应制订一些规定，如：定义哪些用户可以访问哪些资源，可以访问的用户各自具备的读、写操作等权限。

（5）身份识别

身份识别是安全系统应具备的最基本的功能，是验证通信双方身份的有效手段。当用户向系统请求服务时，要出示自己的身份证明，而系统应具备查验用户身份证明的能力。

（6）数字签名

数字签名技术是将摘要信息用发送者的私钥加密，与原文一起传送给接收者。接收者只有用发送的公钥才能解密被加密的摘要信息，然后用 HASH 函数对收到的原文产生一个摘要信息，与解密的摘要信息对比。如果相同，则说明收到的信息是完整的，在传输过程中没有被修改，否则说明信息被修改过。因此数字签名能够验证信息的完整性。数字签名是个加密的过程，数字签名验证是个解密的过程。

（7）保护数据完整性

保护数据完整性是指通过一定的机制（如加入消息摘要）以发现信息是否被非法修改，

避免用户或主机被伪信息欺骗。

（8）密钥管理

信息加密是保障信息安全的重要途径，以密文方式在相对安全的信道上传递信息，可以让用户比较放心地使用网络。如果密钥泄漏会对通信安全造成威胁。因此，引入密钥管理机制，对密钥的产生、存储、传递和定期更换进行有效地控制非常重要，对提高网络的安全性和抗攻击性也是非常重要的。

3．审计与管理措施

审计追踪，通过实时监测、记录日志，对一些有关信息进行统计等，使系统在出现安全问题后能够追查原因。网络安全管理措施还包括对安全技术和设备的管理、安全管理制度、部门和人员的组织规则等。

5.3.4 网络安全体系结构

1．OSI 安全体系结构

OSI 安全体系结构中提出了以下几种安全服务：

① 验证：提供通信对等实体和数据源的验证。

② 访问控制：防止非授权人使用系统资源。

③ 数据保密服务：提供了 OSI 参考模型中某一层（如第 N 层）连接的数据保密性。

④ 数据完整性服务：防止数据交换过程中数据的丢失以及数据被非法修改、插入和延迟，以保证接收端和发送端信息的安全一致性。

2．安全机制

安全机制是指用来保护系统免受侦听、阻止安全攻击及恢复系统的机制。可分为两类：一类是在特定的协议层实现的，一类不属于任何的协议层或安全服务。

OSI 标准网络安全体系结构提供下列安全机制：

① 加密机制：运用算法将数据转换为不可知的形式，数据的变换和复杂性依赖于算法和加密密钥。

② 数字签名机制：对数据源进行密码变换，可使接收方验证数据源和数据的完整性，并防止伪造。

③ 访问控制机制：对资源行使存取控制。

④ 数据完整性机制：保证数据源或数据源流的完整性。

⑤ 验证交换机制：通过消息交换保证实体身份。

⑥ 业务流填充机制：在数据流空隙中插入若干位以阻止流量分析。

⑦ 路由控制机制：能为某些数据选择安全路线并允许路由变化。

⑧ 仲裁机制：利用可信的第三方来保证数据交换的某些性质。

不局限于任何 OSI 安全服务或协议层的安全机制，其功能是：

① 可信功能：根据某些标准被认为是正确的。

② 安全标记：资源的标志，指明资源的安全属性。

③ 事件检测：检测与安全。

④ 安全审计跟踪：收集的及潜在的用于安全审计的数据。

⑤ 安全恢复：安全恢复与实践处理程序及管理的功能有关，可按照一定的规则（立即

的、随时的、永久的）来完成恢复工作。

3．OSI 的安全管理

OSI 中的安全管理，主要是指对除通信安全服务之外的其他操作所进行的管理，这些操作是支持和控制网络安全所必需的。

OSI 的安全管理分为系统安全管理、事件处理管理、安全审计管理、安全恢复管理等。其中系统安全管理包括安全策略管理、与其他 OSI 管理功能的相互配合、安全服务管理与安全机制管理的相互配合等。

安全机制管理指对特定的安全机制的管理，包括密钥管理、加密机制管理、路由控制机制管理、仲裁机制管理等。

5.4　计算机病毒的防护

5.4.1　计算机病毒的概念

计算机病毒（Computer Virus）在《中华人民共和国计算机信息系统安全保护条例》中被明确定义，病毒指："编制或者在计算机程序中插入的破坏计算机功能或者毁坏数据，影响计算机使用，并能够自我复制的一组计算机指令或者程序代码。"

5.4.2　计算机病毒的特点

① 隐蔽性：计算机病毒具有很强的隐蔽性，有的可以通过病毒软件检查出来，有的根本就查不出来，有的时隐时现、变化无常，这类病毒处理起来通常很困难。

② 传染性：计算机病毒不但本身具有破坏性，更有害的是具有传染性，一旦病毒被复制或产生变种，其速度之快令人难以预防。传染性是病毒的基本特征。计算机病毒会通过各种渠道从已被感染的计算机扩散到未被感染的计算机，在某些情况下造成被感染的计算机工作失常甚至瘫痪。

③ 潜伏性：有些病毒像定时炸弹一样，让它什么时间发作是预先设计好的。比如黑色星期五病毒，不到预定时间一点都觉察不出来，等到条件具备的时候一下子就爆炸开来，对系统进行破坏。

④ 可触发性：病毒因某个事件出现，诱使病毒实施感染或进行攻击的特性称为可触发性。为了隐蔽自己，病毒必须潜伏，少做动作。如果完全不动，一直潜伏，病毒既不能感染也不能进行破坏，便失去了杀伤力。病毒既要隐蔽又要维持杀伤力，它必须具有可触发性。

⑤ 破坏性：计算机中毒后，可能会导致正常的程序无法运行，把计算机内的文件删除或使其受到不同程度的损坏。

5.4.3　计算机病毒的分类

① 根据病毒存在的媒体，病毒可以划分为网络病毒、文件病毒、引导型病毒。

② 根据病毒传染的方法，病毒可分为驻留型病毒和非驻留型病毒。

③ 根据病毒破坏的能力，病毒可分为轻危害型、轻危险型、危险型、非常危险型。

④ 根据病毒特有的算法，病毒可以划分为伴随型病毒、"蠕虫"型病毒和寄生型病毒。

5.4.4 计算机病毒的危害性

① 删除或修改磁盘上的可执行文件和数据文件，使之无法正常工作。

② 修改目录或文件分配表扇区，使之无法正常工作。

③ 对磁盘进行格式化，使之丢失全部信息。

④ 病毒反复传染，占用计算机的存储空间，影响计算机系统的运行效率，破坏计算机的操作系统，使之不能工作。

⑤ 有些病毒甚至能破坏硬盘等计算机硬件。

⑥ 病毒危害的不可预见性，即含有大量未知错误的病毒扩散传播，后果难以预料。

⑦ 造成难以估量的经济损失。

⑧ 给用户造成严重的心理压力。

5.4.5 计算机病毒的预防

① 安装反病毒软件，定期检测病毒。

② 安装实时监控的反病毒软件或防病毒卡。

③ 及时对硬盘的分区表及重要文件备份。

④ 不使用盗版软件和来路不明的 U 盘和光盘。

⑤ 使用 U 盘和光盘时，先检查是否有病毒。

⑥ 对不需要写入数据的磁盘进行写保护处理。

⑦ 定期对文件备份。

⑧ 避开特定病毒的发作日期。

5.4.6 计算机病毒的防治

基于网络的多层次的病毒防护策略是保障信息安全、保证网络安全运行的重要手段。

从网络系统的各组成环节来看，多层防御的网络防毒体系应该由用户桌面、服务器、Internet 网关和病毒防火墙组成。

先进的多层病毒防护策略具有三个特点：层次性、集成性、自动化。

发现计算机病毒后通常的解决方法是：检测、标识、清除。启动最新的反病毒软件，对整个计算机系统进行病毒扫描，如果发现病毒，一般应利用反病毒软件清除文件中的病毒，如果可执行文件中的病毒不能被清除，则应将其删除，然后重新安装相应的应用程序。

注意：在清除病毒之前，应先备份重要的数据文件。

如果病毒无法完全清除，可以选用干净的系统引导盘引导系统，然后在 DOS 下运行相关杀毒软件进行清除。

计算机病毒的泛滥给许多反毒软件公司带来机遇，常见的杀毒软件有 McAfee、诺顿、瑞星、卡巴斯基、金山和 360 等。

5.5 黑客攻击和防范

"黑客"，一般是指那些利用自身掌握的计算机技术，入侵他人计算机以破坏系统和盗窃系统有用数据的人。

5.5.1　网络黑客的攻击方法

黑客攻击比病毒破坏更具有目的性，因而也更具危害性，常见的攻击方法包括：
① 放置木马程序。
② 通过一个结点来攻击其他结点。
③ WWW 的欺骗技术。
④ 寻找系统漏洞。
⑤ 电子邮件攻击。
⑥ 偷取特权。
⑦ 网络监听。
⑧ 利用账号进行攻击。

5.5.2　防范黑客措施

了解了网络黑客常用的攻击方法，我们应当：
① 专用主机只开专用功能。
② 提供电子邮件、WWW 和 DNS 的主机不安装任何开发工具。
③ 制定详尽的入侵应急措施和汇报制度。
④ 下载安装最新的操作系统和应用程序的安全和升级补丁。
⑤ 定期检查关键配置文件。
⑥ 网管不访问 Internet，设立专门机器使用的 FIP 或 WWW 下载工具和资料。
⑦ 网络配置原则是"用户权限最小化"。
⑧ 对用户开放的各个主机的日志文件集中管理。
⑨ 定期检查系统日志文件，在备份设备上及时备份。

5.6　防火墙技术

5.6.1　认识防火墙

防火墙（Firewall）是设置在被保护网络和外部网络之间的一道屏障，以防止发生不可预测的、潜在破坏性的侵入。防火墙实际上是一种访问控制技术，是某个机构的网络和不安全的网络之间的屏障，阻止对信息资源的非法访问，也可以使用防火墙阻止保密信息从受保护网络上被非法输出。通过限制与网络或某一特定区域的通信，达到防止非法用户侵犯受保护网络的目的。

在逻辑上，防火墙是一个分离器、一个限制器，也是一个分析器，它有效地监控了内部网和 Internet 之间的任何活动，保证了内部网络的安全。它是个人计算机和 Internet 之间信息的唯一出入口，能够有效地阻止不安全的网络非法程序和病毒进入计算机。

防火墙不是一个单独的计算机程序或设备。理论上，防火墙是由软件和硬件两部分组成，用来阻止所有网络间不受欢迎的信息交换码，而允许那些可接收的信息。

防火墙有硬件类型的，所有数据都要通过硬件芯片监测，也有软件类型的，软件在计算机上运行并监控。

5.6.2 防火墙的功能

防火墙的基本功能有：
① 过滤进出网络的数据。
② 管理进出网络的访问行为。
③ 封堵禁止的业务。
④ 记录通过防火墙的信息内容和活动。
⑤ 对网络攻击的检测和警告。

5.6.3 防火墙的分类

防火墙的类型可以按照不同的分类方式划分：
① 按照软件、硬件形式可以分为软件防火墙、硬件防火墙和芯片级防火墙。
② 按照防火墙技术可以分为包过滤防火墙、应用网关防火墙、代理防火墙和状态检测防火墙。
③ 按照防火墙的结构可以分为单机防火墙、路由器集成式防火墙和分布式防火墙。
④ 按照防火墙使用方法可分为网络层防火墙、物理层防火墙和链路层防火墙。

5.6.4 防火墙实现技术

防火墙采用的主要技术包括以下几种：

1．包过滤技术

数据包过滤技术是在网络层对数据包进行选择，选择依据是系统内设的过滤逻辑，该逻辑被称为访问控制列表，其原理在于通过检查数据流中的每个数据包的源地址、目的地址、所用端口号和协议状态等因素，确定是否允许数据通过。包过滤技术的优点在于它的简单性。但由于包过滤技术无法有效地区分相同 IP 地址的不同用户，安全性相对较差。

2．代理服务技术

代理服务器在外部网络向内部网络申请服务时发挥了中间转接和隔离内外部网络的作用，又称为代理防火墙。其原理是在网关计算机上运行应用代理程序，运行时由两部分连接构成：一部分是应用网关同内部网用户计算机建立的连接；另一部分是代替原来的客户程序与服务器建立的连接。通过代理服务，内部网用户可以通过应用网关安全地使用 Internet 服务，而对于非法用户的请求将予拒绝。代理服务技术与包过滤技术的不同之处，在于内部网和外部网之间不存在直接连接，同时提供审计和日志服务。

3．网络地址转换技术

在局域网内部使用内部地址，而当内部结点要与外部网络进行通信时，就在网关处将内部地址替换成公网的地址，从而在外部网上正常使用。当不同的内部网络用户向外连接时，使用相同的 IP 地址；内部网络用户互相通信时则使用内部 IP 地址。内部网络对外部网络来说是不可见的，防火墙能详尽记录每一个内部网计算机的通信，确保每个数据包的正确传送。

在实际运用时，架设防火墙很少采用单一的技术，企业单位通常会根据实际的需求将多种解决不同问题的防火墙技术有机地组合起来。

5.7 加密和认证

常见的信息保护手段大致可以分为加密和认证两大类。加密是为了防止非授权用户获得机密信息；认证是为了防止非法人员的主动攻击，包括检验信息的真伪及防止信息在通信过程中被篡改、删除、插入、伪造、延迟和重放等。

5.7.1 数据加密技术

1．加密技术的基本概念

数据加密技术是网络安全的核心技术，系统平台安装杀毒软件，网络环境安装防火墙，此类防护都被称为被动防御，而数据加密技术则可认定为主动防御。通过对口令加密、文件加密等手段可以很好地防范网络非法用户对于系统的入侵和破坏。通过口令加密是为了防止文件中的密码被人偷看，而文件加密则主要是为了在因特网上进行文件的传输。

密码学是编码学和密码分析学的总称。编码学就是研究密码变化的客观规律，应用于编制密码，密码分析学则是指破译密码获得消息。简单来说，密码学就是加密和解密的过程。

加密和解密过程中，其中原始的消息被称为明文，明文经过加密变化后被称为密文，由明文到密文的变换过程被称为加密，由密文到明文的变换过程称为解密。

一个密码系统通常由算法和密钥两部分组成，其中密钥是一组二进制数，由专人保管，算法则一般是公开的，任何人都可以获得并使用。一个功能完善的密码系统一般需要达到以下要求：

① 系统密文不可破译。

② 密码保密性不依赖于算法而是密钥。

③ 加密和解密算法适用于所有密钥空间中的元素。

④ 系统便于实现和推广。

2．对称密码方案

对称密码方案由 5 个基本成分：明文、加密算法、密钥、密文、解密算法。

使用最广泛的加密体制是数据加密标准（DES），采用 64 位的分组长度和 56 位的密钥长度，将 64 位的输入经过加密变换得到 64 位的输出，解密使用了相同的步骤和密钥。

对称密码的特点是在加密和解密过程中使用相同的密钥。其优点是加密解密的速度快，安全强度高，算法简单高效，密钥简短，破译难度大。缺点是不适合在网络中使用，信息完整性不能确认，缺乏检测密钥泄露的能力。

3．公钥密码方案

公钥密码也称为非对称加密。公钥密码方案也由 5 个基本成分：明文、加密算法、密钥、密文、解密算法。其中密钥由公开密钥和私有密钥组成。两个密钥相关但不相同，不可能从公开密钥推算出对应的私有密钥。使用公开密钥加密的信息只能通过使用对应的解密密钥进行解密。

公钥密码体制具有保密性强、可进行信息鉴别的功能。其特点是多用户加密的信息只能由一个用户解读，实现了在网络中传输时的保密通信；一个用户加密的信息可以由多个用户进行解读，可以实现对用户的认证。

总体来说，对称加密机制加密速度快于公钥加密体制，对称加密方案适用于大批量数据的加密工作，公钥加密方案适用于小文件数据加密。

5.7.2　认证技术

认证主要包括 3 个方面：消息认证、数字签名和身份认证。

消息认证就是验证所收到的消息确实是来自真正的发送方并且是未被修改过的，也可以验证消息的顺序和及时性；数字签名模拟文件中的亲笔签名或印章以保证文件的真实性，防止他人对传输文件进行破坏；身份认证用于鉴别用户的身份是否是合法用户。

身份认证又称身份识别，它是通信和数据系统中正确识别通信用户或终端身份的重要途径。用户在访问安全系统之前，首先经过身份认证系统识别身份，然后访问监控器，根据用户的身份和授权数据库决定用户是否能够访问某个资源。

身份认证的常用方法有：口令认证、持证认证和生物识别。

① 口令认证。账户名/口令认证方法是被广泛研究和使用的一种身份验证方法，也是认证系统所依赖的一种最实用的机制，常用于操作系统登录、Telnet 等。

② 持证认证。持证是一种个人持有物，用于启动电子设备。使用较多的是磁条卡，磁条上记录用于机器识别的个人信息。目前银行系统普遍采用 U 盾，这相当于是一张带有芯片的智能卡，内部存储了用户信息，当用户需要在网络上进行账户操作时，需要首先将 U 盾连接到网络中进行身份认证，只有通过认证才能进行后续的操作，因此使用用户独有的物品进行身份认证具有较高的安全保障。

③ 生物识别。依据人类自身所固有的生理或行为特征作为个人身份识别的重要依据。生物识别包括指纹识别、虹膜识别、面部识别、声音识别、签名识别、笔迹识别以及多种生物特征融合识别等诸多种类。

5.8　网络数据备份

数据备份是容灾的基础，是指为防止系统出现操作失误或系统故障导致数据丢失，而将全部或部分数据集合从应用主机的硬盘或阵列复制到其他的存储介质的过程。

5.8.1　网络数据备份的定义

网络数据备份是指在网络的环境下，通过数据存储管理软件，结合相应的硬件和存储设备，对全网络的数据备份进行集中管理，从而实现自动化的备份、文件归档、数据分级存储和灾难恢复等。它与普通数据备份的区别在于，它不仅要备份系统中的数据，还要备份网络中安装的应用程序、数据库系统、用户设置和系统参数等。

5.8.2　网络数据备份的方式

① 完全备份：对整个系统进行完整的备份，包括系统和数据。
② 查分备份：上一次完全备份之后新增加和修改的数据。
③ 增量备份：上一次备份后新增加和修改的数据。

5.8.3 网络数据备份的功能

① 病毒防护：集成病毒扫描、修复和病毒特征库自动升级的功能特点，为数据提供最全面的保护。

② 系统灾难恢复：在网络出现故障或损坏时，能够迅速地恢复网络系统。

③ 数据库备份与恢复：将需要的数据从庞大的数据库文件中抽取出来进行备份。

④ 集中式管理：利用集中式管理工具对整个网络的数据进行管理，特别是关键业务服务系统和实时性要求高的数据和信息，建立存储备份系统。

⑤ 文件备份与恢复：在一台计算机上实现整个网络的文件备份。

⑥ 备份任务管理：实现定时自动备份，减轻管理员的压力。

本章小结

本章主要讲解了计算机网络的管理及相关网络安全技术。网络管理就是为确保网络系统能够持续、稳定、安全、可靠和高效地运行，对网络实施的一系列方法和措施。网络管理的基本功能包括配置管理、性能管理、故障管理、安全管理和计费管理，3 种标准网络管理协议是简单网络管理协议（SNMP）、通用管理信息协议（CMIP）和局域网个人管理协议（LMMP）。

网络安全的唯一真正目标是通过技术手段保证信息的安全。计算机病毒具有很强的破坏力，网络黑客的攻击防不胜防，我们应当积极学习安全技术，提高计算机网络系统的防御能力，加强安全管理。

习 题

一、填空题

1. 网络操作系统的主要功能包括_____、_____、_____、_____、_____、_____。

2. 我国市场上主要的网络操作系统是_____、_____、_____、_____、_____。

3. 构成网络操作系统通信机制的是_____。

4. 网络操作系统的新特征是_____、一致性、透明性。

5. 网络操作系统是一种_____。

6. 在开放互连的 OSI 安全体系结构中的数据保密服务中，_____提供了 OSI 参考模型中第 n 层服务数据单元 SDU 的数据保密性。

7. 在开放互连的 OSI 安全体系结构中的数据完整性服务中，_____提供连接传输 SDU 总选择域的完整性。

8. 开放互连的 OSI 安全体系结构中提出了_____种安全机制。

9. 按照国际电信联盟 ITU 的标准 M3010，网络管理任务包括_____、_____、_____、_____、_____。

10. 网络资源优化是_____的功能。

11. 网络性能管理的典型功能是_____、_____、_____

_____。

12. 要统计网络中有多少工作站在工作，应使用的网络管理功能是_____。

13. 故障管理包括的典型功能是_____、_____、_____

_____、_____。

14. 错误日志是_____网络管理功能必需的。

15. 网络故障主要发生在_____、_____、_____方面。

16. 查找网络硬件故障的手段包括_____、_____、_____。

17. 检查硬件故障根据的网络参数是_____、_____、_____

_____。

18. 查找网络软件错误的有效工具是_____。

19. 配置管理的主要内容包括_____、_____

_____、_____。

20. 为通信系统提供网络管理初始化数据是_____的任务。

21. 维护网上软件、硬件和电路清单是_____的任务。

22. 除了安全管理以外，还具有安全管理能力的功能的是_____。

23. 当SNMP管理者想要获得网络中某个路由器的某个端口状态时，应该使用的原语是

_____。

24. 当SNMP代理向SNMP管理者报警时，应该发送的信息是_____。

25. SNMP v1管理网络所采用的策略是_____。

26. SNMP代理有一个管理信息库MIB。MIB包含被管理对象数据，这个MIB的结构

是_____。

27. SNMP被管理对象包含若干个信息变量，每个信息变量包含的信息是_____、

_____、_____、_____。

28. SNMP v2增加的两个原语是_____、_____。

29. SNMP管理者之间通信使用的原语是_____。

30. 可以将SNMP被管理对象全部变量一次读出的原语是_____。

31. SNMP v2支持的网络管理策略是_____。

32. SNMP v2采用的信息安全技术有_____、_____。

33. SNMP v2采用的加密技术有_____、_____。

34. CMIP的组成包括_____、_____、_____。

35. CMIP管理模型包括_____、_____。

36. CMIP管理策略是_____。

二、选择题

1. 网络操作系统的主要功能包括（　　　）。

　　a. 处理器管理　　　b. 存储器管理　　　c. 设备管理　　　d. 文件管理

　　e. 网络通信　　　f. 网络服务

　　A. a,b,c,d　　　　B. e,f　　　　　C. a,b,c,d,e,f　　　D. 都不对

2. 我国市场上主要的网络操作系统是（　　　）。

    a. Novell Netware   b. UNIX

    c. Windows NT Server   d. Banyan

    e. OS/2   f. Windows 2000 Server

    A. a,b,c   B. a,b,c,d   C. a,b,c,d,e   D. a,b,c,d,e,f

3. 安全的网络操作系统应具备下列哪些功能？（　　　）

    a. 网络的密钥管理   b. 身份及信息的验证

    c. 通信信息的加密   d. 网络的访问控制

    e. 鉴别技术   f. 安全审计

    A. a,b,c,d   B. e,f   C. c,d,e,f   D. a,b,c,d,e,f

4. 开放互连的 OSI 安全体系结构中提出了以下（　　　）安全服务。

    a. 验证   b. 访问控制   c. 数据保密服务   d. 数据完整性服务

    e. 非否认服务

    A. a,b,c,d   B. d,e   C. c,d,e   D. a,b,c,d,e

5. 以下（　　　）属于开放互连的 OSI 安全体系结构中提出的安全机制。

    a. 加密机制   b. 数字签名机制   c. 访问控制机制   d. 数据完整性机制

    e. 可信功能

    A. a,b,c,d   B. d,e   C. c,d,e   D. a,b,c,d,e

6. 按照国际电信联盟 ITU 的标准 M3010，网络管理任务包括（　　　）。

    a. 性能管理   b. 故障管理   c. 配置管理   d. 计费管理

    e. 安全管理

    A. a,b   B. a,b,c   C. a,b,c,d   D. a,b,c,d,e

7. 网络性能管理的典型功能是（　　　）。

    a. 收集统计信息

    b. 维护并检查系统状态日志

    c. 确定自然和人工状况下系统的性能

    d. 改变系统操作模式以进行系统性能管理的操作

    A. a   B. a,b   C. a,b,c   D. a,b,c,d

8. 故障管理包括的典型功能是（　　　）。

    a. 维护并检查错误日志   b. 接收错误检测报告并做出响应

    c. 跟踪，辨认错误   d. 执行诊断测试

    e. 纠正错误

    A. a,b   B. a,b,c   C. a,b,c,d   D. a,b,c,d,e

9. 检查硬件故障根据的网络参数是（　　　）。

    a. 帧头长度   b. 帧顺序   c. CRC 错   d. 冲突的频度

    A. a,b   B. a,b,c   C. c   D. a,b,c,d

10. 配置管理的主要内容包括（　　　）。

    a. 设置开放系统中有关路由操作的参数

    b. 对被管对象或被管对象组名字的管理

    c. 初始化或关闭被管对象

d. 根据要求收集系统当前状态的有关信息

e. 获取系统重要变化的信息

f. 更改系统的配置

A. a,b,c   B. a,b,c,d   C. a,b,c,d,e   D. a,b,c,d,e,f

11. 下列协议中属于网络管理协议的是（　　　）。

a. SNMP   b. CMIP   c. IP   d. TCP

e. SMTP   f. HTTP

A. a,b   B. a,b,c   C. a,b,c,d   D. a,b,c,d,e,f

12. SNMP 被管理对象包含若干个信息变量，每个信息变量包含的信息是（　　　）。

a. 变量名   b. 变量的数据类型   c. 变量的属性   d. 变量的值

A. a,b   B. a,b,c   C. a,b,d   D. a,b,c,d

13. SNMP v2 增加的两个原语是（　　　）。

a. InformRequest   b. GetBulkRequest   c. GetNextRequest   d. GetResponse

e. SetResponse

A. a,b   B. a,c   C. a,d   D. b,d

14. SNMP v2 支持的网络管理策略是（　　　）。

a. 集中式   b. 分布式

A. 只有 a   B. 只有 b   C. a,b   D. 都不是

15. SNMP v2 采用的信息安全技术有（　　　）。

a. 加密   b. 鉴别

A. 只有 a   B. 只有 b   C. a,b   D. 都不是

16. SNMP v2 采用的加密技术有（　　　）。

a. DES   b. MD5

A. 只有 a   B. 只有 b   C. a,b   D. 都不是

17. CMIP 的组成包括（　　　）。

a. 被管代理   b. 管理者   c. 管理协议   d. 管理信息库

A. a,b   B. a,c   C. a,b,d   D. a,b,c,d

18. CMIP 管理模型包括（　　　）。

a. 组织模型   b. 功能模型   c. 信息模型

A. a,b   B. b,c   C. a,c   D. a,b,c

第6章

Windows 2000 Server 的安装和基本管理

Windows 2000 是一个操作系统系列,是 Microsoft 公司在 Windows NT 4.0 基础上推出的网络操作系统,集成了对客户机/服务器模式和对等模式网络的支持。该系统提供了更多的系统管理工具和更强的系统维护与配置功能,具有更好的稳定性和安全性。本章采用服务器平台的标准版本 Windows 2000 Server 为例介绍网络操作系统的相关知识。

6.1 认识 Windows 2000

Windows 2000 家族的产品是 Windows NT 操作系统的升级。Windows 2000 产品家族的设计目的在于提高产品的可靠性,提供高层次的可用性及从小型网络到大型企业网的可扩展性。

6.1.1 Windows 2000 的 4 个版本

Windows 2000 共有 4 个不同版本,包括:Windows 2000 Professional、Windows 2000 Server、Windows 2000 Advanced Server、Windows 2000 Datacenter Server。除第一个外,其他 3 个都是网络服务器操作系统,由于所提供的服务类型不同,网络操作系统与运行在工作站上的单用户或多用户操作系统有一些差别。一般情况下,网络操作系统根据网络相关特性,共享数据文件、软件应用以及共享硬件设备等。

① Windows 2000 Professional:即专业版,是单用户及网络客户机操作系统,用于工作站及笔记本式计算机。支持 2 个处理器,最低支持 64 MB 内存,最高支持 3.25 GB 内存。它的原名是 Windows NT 5.0 Workstation,前一个版本是 Windows NT 4.0 的 Workstation(工作站)版本。它以 Windows NT 4.0 的技术为核心,采用标准化的安全技术,稳定性高,最大的优点是不会再像之前的 Windows 9x 内核各种版本的操作系统那样频繁地出现非法程序的提示而死机,适合于移动家庭用户使用。

② Windows 2000 Server:即服务器版,是服务器平台的标准版本,它的前一个版本也就是 Windows NT 4.0 的 Server 版,Windows 2000 Server 是在 Windows NT Server 的基础之上开发出来的,它的原名是 Windows NT 5.0 Server,核心技术是 Windows NT。Windows 2000 Server 在 Windows NT Server 4.0 的基础上做了大量的改进,在各种功能方面有了更大的提高。支持每台机器上最多拥有 4 个处理器,最低支持 128 MB 内存,最高支持 4 GB 内存,比较适合中小型企业使用。

③ Windows 2000 Advanced Server：即高级服务器版，面向大中型企业的服务器领域。它的原名是 Windows NT 5.0 Server Enterprise Edition，它的前一个版本是 Windows NT 4.0 企业版（即 Windows NT Enterprise Server Edition 4.0）。最高可以支持 8 个处理器，最低支持 128 MB 内存，最高支持 8 GB 内存。与 Server 版不同的是，Advanced Server 具备更为强大的特性和功能，包含了服务器版的所有功能，同时提供了对集群的支持。它对 SMP（对称多处理器）的支持要比 Server 更好，支持的数目可以达到 4 路，适合作为大型企业服务器操作系统。

④ Windows 2000 Datacenter Server：即数据中心服务器版，面向大型数据仓库的数据中心服务器领域。该系统可支持 16 个或更高处理能力的服务器（最高可以支持 32 个处理器），最低支持 256 MB 内存，最高支持 64 GB 内存。它适用于大型数据库、经济分析、科学计算以及工程模拟等方面，还可用于联机交易处理。

6.1.2 Windows 2000 Server 的特性

Windows 2000 Server 是在 Windows NT Server 版本的基础上为服务器开发的多用途操作系统，可以为工作部门的小组或中、小型单位的用户提供文件、打印、应用软件、Web 和通信等各种服务，是一个性能好、工作稳定、操作容易的管理平台。Windows 2000 Server 作为微软的新一代操作系统，继承了 Windows 98 和 Windows NT 的优点，在各个方面均超过了前者。

1. 简洁的桌面

Windows 2000 Server 对计算机桌面进行了多项改进，非常有利于用户的有效工作。为了减少桌面的混乱，"我的电脑"中的"计划任务"和"打印机"移到"控制面板"中，体现了"控制面板"是用户管理和维护系统的核心位置。

2. "开始"菜单

Windows 2000 Server 采用了"个性化"菜单，只显示用户经常使用的菜单，不经常使用的程序隐藏起来。当用户要使用隐藏菜单时，只要将鼠标指针停在双箭头上方，菜单就会显示出所有应用程序。

3. 我的图片

在 Windows 2000 Server 中，"我的文档"文件夹里增加了"我的图片"文件夹，是为了方便用户浏览图片和加强用户对图片的管理。使用"我的图片"文件夹，用户不必打开专门的图片浏览器就可以浏览、打印图片等。

4. 记忆式输入

"记忆式输入"简化了用户的输入。用户经常要重复输入一些命令或 Web 地址时，当要再次输入时，系统会自动补全其他部分，不需要用户输入所有的内容。

5. 多语言支持

Windows 2000 Server 在一套系统上可以安装 60 多种语言，在另一个窗口中可以同时输入中文、英文、日文、俄文等。菜单会保持安装时选择的语言，内容以多种语言显示。

6. 非凡稳定的性能

在安全模式下，用最少的驱动器和服务启动系统，查看显示启动事件顺序的日志，诊断阻止正常启动驱动程序及其他组件的问题。采用内核方式写保护技术，自带完善的诊断工具和系统，以及应用程序日志功能。采用系统文件保护技术，防止安装的软件替换重要的系统文件。

7．方便的系统管理

Windows 2000 Server 提供了强大的远程管理功能，用户可以通过终端服务器和 Windows 2000 Server 的管理工具 MMC 控制台等多种方式远程登录和管理 Windows 2000 Server。

8．强大的搜索功能

Windows 2000 Server 主要提供了：搜索本地硬盘的文件和文件夹、搜索局域网中的计算机和搜索网络中的 Web 网站或网页，单击搜索结果中的某个网页地址即可在右边的窗口中进行浏览。

9．加强的安全性能

Windows 2000 Server 采用 NTFS 文件系统，支持新的"加密文件系统"功能，文件系统能够让用户指定需要加密的文件或文件夹，只有拥有公共密钥的用户才能够访问这些加密内容。在共享方面设置了更多的控制选项，可以对用户的读取、修改、删除和创建等操作进行严格的控制，达到共享安全。

6.2　Windows 2000 Server 的安装

6.2.1　系统和硬件设备需求

1．Windows 2000 Server

Windows 2000 Server 针对工作组级的服务器用户，其最重要的改进是在"活动目录"目录服务技术的基础上，建立了一套全面的、分布式的底层服务。

最低配置要求：Pentium 兼容的 CPU ≥ 133 MHz、64 MB ≤ RAM ≤ 4 GB、空闲 HardDisk ≥ 1.0 GB、一台机器 ≤ 4 个 CPU。

2．Windows 2000 Advanced Server

Windows 2000 Advanced Server 操作系统提供了 Windows 2000 Server 的全部特性和优点。此外，该操作系统还包含其他一些附加功能，可增强电子商务和经营方式的应用，针对企业级的高级服务器用户。

3．Windows 2000 Professional

Windows 2000 Professional 针对商业和个人用户，支持单 CPU 和双 CPU 系统。

推荐最小内存为 64 MB，兼容的 CPU ≥ 133 MHz、64 MB ≤ RAM ≤ 4 GB、空闲 HardDisk ≥ 1.0 GB、一台机器 ≤ 4 个 CPU。

4．Windows 2000 Datacenter Server

针对大型数据仓库的数据中心服务器用户，微软推出的这个版本是功能强大的服务器操作系统，它支持 16 路对称多处理器系统以及高达 64 GB 的物理内存。与 Windows 2000 Advanced Server 一样，它将群集和负载平衡服务作为标准的特性。另外，它为大型的数据仓库、经济分析、科学和工程模拟、联机交易服务等应用进行了专门的优化。

6.2.2　Windows 2000 Server 的安装准备和注意事项

1．升级或安装的确定

查阅系统需求和硬件兼容性后，在运行 Windows 2000 Server 安装前，需要决定是升级还是全新安装。升级是将 Windows NT 的某个版本替换为 Windows 2000 Server。全新安装与升级不同，意味着清除以前的操作系统，或将 Windows 2000 Server 安装在以前没有操作系统的磁盘或磁盘分区上。

2．升级

选择升级有多种原因。升级可简化配置，并且现有的用户、设置、组和权限都能够保留下来。升级也要对硬盘做出很大的更改，所以建议运行安装程序之前备份硬盘数据。安装了 Windows 2000 Server 后，计算机还可运行其他的操作系统。如果执行升级，安装程序会自动将 Windows 2000 Server 安装在当前操作系统所在的文件夹内。

3．安装

执行一次全新安装，要安装到的磁盘分区如果包含想保留的应用程序，必须先对应用程序进行备份，在安装完 Windows 2000 Server 之后，再重新安装它们。如果想在以前包含 Windows 2000 Server 的分区上安装 Windows 2000 Server，并在"我的文档"中保存了一些文档，而且想保留它们，请先将 Documents and Settings 文件夹中的文档进行备份，在安装完成之后，将这些文档复制到 Documents and Settings 文件夹内。

4．文件系统的选择

Windows 2000 Server 能够访问的文件系统包括：NTFS、FAT、FAT32。

NTFS 是推荐的文件系统。FAT 和 FAT32 彼此相似，但与 FAT 相比，FAT32 可用在容量较大的磁盘上。

安装程序可以方便地将分区转换为新版的 NTFS，即使该分区以前使用的是 FAT 或 FAT32 文件系统，这种转换可保持文件的完整性。如果不想保留文件，且有一个 FAT 或 FAT32 分区，建议使用 NTFS 格式化该分区，而不是转换 FAT 或 FAT32 文件系统。格式化分区会删除该分区上所有的数据，但使用 NTFS 格式化的分区与从 FAT 或 FAT32 转换来的分区相比，磁盘碎片较少，且性能更快。

表 6-1 比较了 3 种文件系统支持的磁盘和文件大小。

表 6-1　3 种文件系统的比较

NTFS	FAT	FAT32
推荐最小的容量为 10 MB，推荐实际最大的容量为 2 TB，并可支持更大的容量	容量可从软盘大小到最大 4 GB	容量从 512 MB 到 2 TB。在 Windows 2000 中，可以格式化一个不超过 32 GB 的 FAT32 卷
无法用在软盘上	不支持域	不支持域
文件大小只受卷的容量限制	最大文件大小为 2 GB	最大文件大小为 4 GB

6.2.3　安装 Windows 2000 Server

1．启动安装程序及相关的设置步骤

对于不同的环境，用户可以利用不同的方式启动 Windows 2000 Server 安装程序，下面介绍在不同的环境中启动安装程序。

（1）在运行 Windows 的计算机上从光盘启动安装程序

① 将光盘插入驱动器。

② 开始安装，执行下列操作之一：

● 对于运行高于 Windows 3.x 的任何版本 Windows 的计算机，等待安装程序显示对话框。

- 对于运行 Windows 3.x 的计算机，使用文件管理器转到光盘驱动器，并进入 I386 目录。然后双击 Winnt.exe。

（2）从网络启动安装程序

① 在网络服务器上，通过插入光盘并共享光盘驱动器来共享安装文件，也可通过将安装文件从光盘的 I386 文件夹复制到共享文件夹来共享安装文件。

② 在要安装 Windows 2000 的计算机上，连接共享的安装程序文件。

③ 找到并运行位于光盘 I386 文件夹上的文件或共享文件夹的文件，运行 Winnt32.exe。

（3）在运行 MS-DOS 的计算机上为全新安装启动安装程序

① 将光盘插入驱动器。

② 在命令提示符下，输入 "C:"，其中 C 是光盘驱动器的驱动器号。输入 "cd i386"，然后按【Enter】键。输入 "winnt"，然后按【Enter】键。

（4）通过从光盘启动计算机，为全新安装启动安装程序

① 确定要安装的计算机是否可从光盘驱动器启动，是否执行全新安装（不是升级）。只有满足以上两点才能继续。

② 关闭计算机，将光盘插入驱动器。

③ 启动计算机，并等待安装程序显示对话框。

2．Windows 2000 Server 安装过程

（1）升级安装

将系统升级到 Windows 2000 Server 的准备阶段，执行以下几个基本步骤：备份文件、将驱动器解压缩、禁用磁盘镜像、切断不间断电源设备并检查计算机上的应用程序。

① 备份文件。在升级之前，建议备份当前的文件。可以将这些文件备份到磁盘驱动器或网络中的其他计算机上。

② 将驱动器解压缩。在升级到 Windows 2000 时，要将所有的 DriveSpace 或 DoubleSpace 卷解压缩。不要在压缩的驱动器上将系统升级到 Windows 2000，除非这个驱动器是用 NTFS 文件系统的压缩功能执行的压缩。

③ 禁用磁盘镜像。在升级之前，目标计算机上安装有磁盘镜像，在运行安装程序之前要禁用它。在完成安装后，重新启动磁盘镜像。

④ 切断不间断电源设备。目标计算机与不间断电源（UPS）相连，在运行安装程序之前要切断连接的串行电缆。因为 Windows 2000 安装程序会试图自动检测连接到串行端口上的设备，如果不切断，UPS 设备会在检测过程中产生问题。

⑤ 检查应用程序。启动 Windows 2000 Server 安装程序之前，阅读 Readme.doc 文件的关于应用程序一节。查找在运行安装程序之前需要禁用或删除应用程序的信息。

（2）全新安装

将系统升级到 Windows 2000 Server 的准备阶段，要执行以下几个基本步骤：备份文件、将驱动器解压缩、禁用磁盘镜像、切断不间断电源设备并检查计算机上的应用程序。

① 备份文件。执行 Windows 2000 Server 安装程序之前，建议备份当前的文件，可以将这些文件备份到磁盘驱动器或网络中的其他计算机上。

② 将驱动器解压缩。安装 Windows 2000 之前，要将所有的 DriveSpace 或 DoubleSpace 卷解压缩。不要在压缩的驱动器上安装 Windows 2000，除非这个驱动器是用 NTFS 文件系统的压缩功能执行的压缩。

③ 禁用磁盘镜像。在全新安装之前，目标计算机上安装有磁盘镜像，在运行安装程序之前要禁用它。在完成安装后，重新启动磁盘镜像。

④ 切断不间断电源设备。目标计算机与不间断电源（UPS）相连，在运行安装程序之前要切断连接的串行电缆。因为 Windows 2000 安装程序会试图自动检测连接到串行端口上的设备，如果不切断，UPS 设备会在检测过程中产生问题。

⑤ 检查应用程序。启动 Windows 2000 Server 安装程序之前，阅读 Readme.doc 文件的关于应用程序一节。查找在运行安装程序之前，需要禁用或删除应用程序的信息。

6.2.4 Windows 2000 Server 的系统配置

1. 启动"配置服务器"

Windows 2000 Server 安装完成启动时会自动启动"配置服务器"工具，若未出现在桌面上，通过单击"开始"→"程序"→"管理工具"→"配置服务器"的方式来启动。

2. 使用"配置服务器"

配置服务器启动后，该工具提供了 Windows 2000 Server 配置与管理的绝大部分功能，具体的配置选项及其主要作用包括：

① Active Directory：设置用户账户、组账户及其策略、域、服务器角色、权限等。

② Web/Media 服务器：用于创建管理与 Internet 有关的各种服务，使用这些服务，需在 Windows 2000 Server 内先安装相关组件。

③ 文件系统：设置和管理共享文件夹及共享网络资源。

④ 网络：用于选择、设置网络协议，以及远程访问和路由选择等。

⑤ 打印服务器：设置和管理打印机、打印机队列以及与打印机有关的内容。

⑥ 应用程序服务器：包括对消息队列、组件服务和跨网络的分布式应用程序和相关支持，也包括终端服务。

6.2.5 安装 Windows 2000 Server 的疑难排除

在安装和启动 Windows 2000 Server 时，可能会遇到一些问题，造成无法正常的安装或启动，产生问题的原因多种多样，下面列出一些常用的办法，用于判断和解决问题。

1. 在安装过程中关闭高速缓存

计算机的系统高速缓存可能妨碍安装程序的进行。在安装过程中关闭高速缓存，可能会解决问题。当安装过程完成后，使系统高速缓冲内存可用。

2. 检查 RAM 问题

① 确认所有 RAM 速度和类型相同，由相同的制造商制造。

② 检查物理交换内存槽中 RAM 的顺序。计算机 BIOS 可能要求 RAM 以一定的顺序插入内存槽，或特定大小的内存要求放在特定的槽里。

③ 用第三方软件诊断 RAM。

3. 查杀引导扇区病毒

① 使用 Windows 2000 的防病毒工具。

② 使用第三方的防病毒程序。

4．用户是否需要给 RAM 添加等待状态

给 RAM 添加等待状态可解决 Windows 2000 Server 容易死机的问题。要做这项工作，必须进入 CMOS 设置。

5．检查驱动器布置结构

检查驱动器的物理跳线和 CMOS 设置。

6．检查硬件冲突

检查所有硬件组件的设置。检查 BIOS 中 IDE 控制器的设置。

7．降低数据传输率

进入 CMOS。将 PIO 模式改变成 2，正常是 3 或 4。

8．检查驱动器电缆

检查硬盘驱动器和 DVD-ROM 驱动器电缆并核实驱动器是否正确的连接。

用确知能正常工作的电缆代替它们进行测试。并将有问题的电缆替换掉。

6.3 Windows 2000 Server 管理工具

在 Windows 2000 Server 中主要利用控制面板、管理控制台、系统工具、Resource Kit 及其他支持工具实现管理操作。

6.3.1 控制面板

控制面板提供了对计算机系统的一般设置方法。控制面板窗口如图 6-1 所示，下面对其进行简要说明。

图 6-1　Windows 2000 控制面板

1．辅助功能选项

Windows 2000 包含的辅助功能工具是为有特殊需要的用户提供的，方便其在日常使用中使用。

2．添加/删除硬件

每个设备都有自己唯一的设备驱动程序，它一般由设备制造商提供。用户可以通过控制面板中的"添加/删除硬件"向导或设备管理器来配置设备。但需要注意的是，用户必须以管理员或管理员组成员的身份登录，才能使用"控制面板"或"设备管理器"中的"添加/删除硬件"向导配置设备。

3．添加/删除程序

"添加/删除程序"可以帮助用户管理计算机上的程序。用户可以使用"添加/删除程序"，来添加选中的不包括在初始安装中的 Windows 2000 组件及 Internet 上的 Windows 更新和新特性。

4．日期/时间

"日期/时间"用于更改计算机的日期、时间及相应的时区，并且如果希望夏时制时间更改时自动调整计算机时钟，请选择"根据夏时制自动调节时间"复选框。

5．显示

使用"控制面板"中的"显示"可自定义桌面和显示设置。用户可以自定义屏幕上 Windows 中使用的颜色和字体。用户还可以将图片、图案或 HTML 文档设置为墙纸，或者设置带密码的屏幕保护程序来保护用户的工作。用户可以更改计算机的显示设置，也可以指定监视器的颜色设置、更改屏幕分辨率以及设置刷新频率。

6．文件夹选项

"文件夹选项"使用户能够改变桌面和文件夹内容的外观，并可以指定打开文件夹的方式。用户在"文件夹选项"中进行的更改会应用到"Windows 资源管理器"（包括"我的电脑"、"网上邻居"、"我的文档"和"控制面板"）窗口目录的外观。但是"文件夹选项"设置不在文件夹工具栏中应用。

7．字体

字体用于在屏幕上显示文本和打印文本。在 Windows 2000 中，字体是字样的名称。字体有斜体、黑体和黑斜体等。

8．网络和拨号连接

网络和拨号连接提供用户的计算机与 Internet、网络或另一台计算机之间的连接。通过网络和拨号连接，无论物理上位于网络所在的位置还是在远程位置，都可以访问网络资源和功能。

9．电话和调制解调器选项

调制解调器是由 Windows 2000 中的 TAPI Unimodem 5 服务提供程序提供的，可以安装并使用当今几乎所有类型的调制解调器。

10．打印机

安装、使用和管理打印机的工具。

11．电源选项

使用"控制面板"中的"电源选项"，可以降低任意个计算机设备或整个系统的电耗。通过选择电源方案可以实现电源管理，电源方案就是计算机管理电源使用情况的一组设置。

12．系统

使用"控制面板"中的"系统"执行以下任务：

① 查看并更改控制计算机如何使用内存以及查找特定信息的设置。

② 查找有关硬件和设备属性的信息，还可配置硬件配置文件。

③ 查看有关计算机连接和登录配置文件的信息。

此选项可以查看并更改控制计算机如何使用内存的性能选项，查找有关硬件和设备属性的信息，包括页面文件大小、注册表大小，查看有关计算机连接和登录、配置文件的信息。

6.3.2　系统工具

配置服务器为用户配置服务器的各项功能和服务提供了一个统一的入口，让用户更方便地配置和管理服务器。

在安装盘中还提供了 Resource Kit 工具集，这个工具集主要用于系统的开发，涉及许多 Windows 2000 底层的知识，在此不做展开了。同时还提供了一个支持工具集，提供了一些辅助系统管理的使用工具。

6.3.3　使用 Runas 命令启动程序

用户不应该将自己添加到 Administrators 组，尽量不要以管理员身份登录计算机。大多数计算机，是以 Users 组或 Power Users 组成员的身份登录。如何使用 Runas 命令启动程序呢？

① 在"Windows 资源管理器"中，单击程序、Microsoft 管理控制台（MMC）工具或要打开的"控制面板"项。

② 按【Shift】键并右击该程序，然后选择"运行方式"。

③ 单击"以下面的用户身份运行程序"。

④ 输入用户名、密码以及要使用的管理员账户所属的域。

6.4　使用"计算机管理"工具

6.4.1　启动"计算机管理"工具

单击"开始"→"程序"→"管理工具"→"计算机管理"选项，即可启动"计算机管理"工具。

6.4.2　用户管理

1．新建用户账户

单击左窗格中的"用户"项，然后单击"操作"菜单，再单击"新用户"菜单项，即可打开"新用户"对话框。

在"新用户"对话框中输入用户名、密码、确认密码后，再选择合适的账户及密码操作方式，最后单击"确定"按钮即完成新用户的创建。

2．用户账户和用户组

① 新建用户账户：在"新建对象—用户"对话框中输入用户的基本资料，规划用户的通行密码。

② 限制账户属性：在具体用户的"属性"对话框的"账户"选项卡内，限制用户登录网络的时间、登录的工作站、账户过期时间、账户选项。

③ 指定所属组：在具体用户的"属性"对话框的"成员属于"选项卡内，将用户指定到所隶属的用户组。

④ 设定登录环境：在"配置文件"选项卡内，设定用户的环境属性，包括用户配置文件路径、登录脚本、本地路径。

⑤ 限制拨入权限：在"拨入"选项卡内，设置用户的拨入权限。

⑥ 设定安全属性：在"安全"选项卡内，规划其他用户和组对本账户的访问权限。

⑦ 新建用户组：在"新建对象—组"对话框中输入组名、组作用域、组类型。

⑧ 为用户组添加成员：在"属性"对话框的"成员"选项卡，将新建的用户加入到新建的用户组；在"成员属于"选项卡，将新建的组加入到另一组。

⑨ 设置账户原则：在"账户策略"对话框中设置账户规则，项目包括密码必须符合复杂性要求、密码长度最小值、密码最长存留期、密码最短存留期、强制密码历史、复位账户锁定计数器、账户锁定时间、账户锁定阈值。

⑩ 设置用户权限：在"本地策略"对话框中设置用户权限。

⑪ 设置审核策略：在"本地策略"对话框中设置审核策略，审核的事件包括策略更改、登录事件、对象访问、过程追踪、目录服务访问、特权使用、系统事件、账户登录事件、账户管理。

⑫ 设置安全选项：在"本地策略"对话框中设置安全选项，项目包括登录时间用完自动注销用户、登录屏幕上不再显示上次登录的用户名、登录时间过期就自动注销用户、允许未登录前关机、在密码到期前提示用户更改密码、只有本地登录的用户才可使用 DVD-ROM、只有本地登录的用户才可使用软盘。

6.4.3 磁盘管理

展开左窗格的存储项目，再单击"磁盘管理"项，即进入磁盘管理控制窗口。在磁盘管理控制窗口的右窗格中，分为上、下两个窗口，它们以不同的格式显示磁盘的有关信息。通过"查看"菜单中的"顶端"和"底端"的相应设置来控制显示磁盘的方式：磁盘列表、卷列表、图形视图。通过"查看"菜单中的"设置"项，可以调整显示颜色和显示比例。

磁盘管理的其他相关知识在"9.1 磁盘管理"中有进一步介绍。

6.4.4 磁盘配额管理

在 Windows 2000 Server 中，磁盘配额跟踪以及控制磁盘空间的使用，可以为访问服务器资源的客户机设置磁盘配额，可以限制客户机的过度访问，能避免由于磁盘空间使用的失控可能造成的系统崩溃，提高了系统的安全性。

磁盘配额管理的其他相关知识在"9.2 磁盘配额管理"中有进一步介绍。

6.4.5 使用其他功能

计算机管理中还具有其他多项功能，比如发送控制台消息、设置服务器警报、管理服务、配置服务等。

6.5 使用"事件查看器"

6.5.1 "事件查看器"介绍

"事件查看器"是 Windows 2000 Server 操作系统中的一个管理工具，通过它可以完成许多工作，比如审核系统事件和存放系统、安全及应用程序日志等。

Windows 2000 以 3 种日志方式记录事件：

1. 应用程序日志

应用程序日志包含程序所记录的事件。应用程序日志中存放应用程序产生的信息、警告或错误。

2. 安全日志

安全日志包括有效和无效的登录尝试以及与资源使用相关的事件。安全日志中存放了审核事件是否成功的信息。

3. 系统日志

系统日志包含 Windows 2000 的系统组件记录的事件。系统日志中存放了 Windows 操作系统产生的信息、警告或错误。

6.5.2 使用事件日志

1. 打开事件查看器

单击"开始→运行"，在弹出对话框中输入 eventvwr，单击"确定"按钮，就可以打开事件查看器。

2. 查看事件的详细信息

选中事件查看器左边结构图中的日志类型，在右侧的详细资料窗格中将会显示出系统中该类的全部日志，双击其中一个日志，便可查看其详细信息。在日志属性窗口中可以看到事件发生的日期、事件的发生源、种类和 ID，以及事件的详细描述。

3. 搜索事件

选中左边结构图中的日志类型，右击"查看"，并选择"筛选"。日志筛选器将会启动。

选择所要查找的事件类型，比如"错误"，以及相关的事件来源和类别等，并单击"确定"按钮。事件查看器会执行查找，并只显示符合这些条件的事件。

6.6 监视性能

Windows 2000 采用基于对象的技术来设计系统，提出了客户机/服务器系统结构，该结构在纯内核结构的基础上做了一些扩展，它融合了层次式结构和纯微内核结构的特点。对操作系统影响很大的组件放在内核下运行，而其他一些功能则在内核外实现。

查看系统的常规属性：

① 选择"我的电脑"右击，选择"属性"，打开"系统属性"对话框。

② 选择"常规"选项卡，查看系统常规属性。

③ 选择"计算机名"选项卡，查看计算机名及所在工作组。

使用 Windows 2000 任务管理器，对应用程序、进程、性能、联网等方面进行查看和管理。

使用 Windows 2000 系统性能监视器，跟踪内存、硬盘、CPU、缓存、文件系统、网络等方面的性能。

 本章小结

Windows 2000 是 Microsoft 公司在 Windows NT 4.0 基础上推出的网络操作系统。该系统提供了更多的系统管理工具和更强的系统维护与配置功能，具有更好的稳定性和安全性。本章介绍了 Windows 2000 Server 安装前的注意事项。在安装与配置 Windows 2000 Server 的过程中，应根据所遇到的问题进行疑难排除。

 习　　题

一、填空题

1. Windows 2000 Server 是在＿＿＿＿＿＿＿＿的基础之上开发出来的。

2. Windows 2000 Server 的核心技术是＿＿＿＿＿＿＿。

3. Windows 2000 Server 系列中，功能最为强大，适合执行大型关键业务的企业使用的是＿＿＿＿＿＿＿。

4. Windows 2000 Server 系列中，最适合中小型企业使用的网络操作系统是＿＿＿＿＿＿＿。

5. Windows 2000 Server 系列中，最适合公司内有重要数据库的企业使用的是＿＿＿＿＿＿＿＿。

6. X86 计算机中 Windows 2000 Server 最高可访问＿＿＿＿＿＿的内存。

7. Windows 2000 Server 支持的文件系统有＿＿＿＿＿＿、＿＿＿＿＿＿、＿＿＿＿＿＿。

8. 想要充分发挥 Windows 2000 的特性，应使用＿＿＿＿＿＿文件系统。

9. 想要建立多重开机系统，应使用＿＿＿＿＿＿、＿＿＿＿＿＿文件系统。

10. 为了既能建立多重开机系统又能使 Windows 2000 的特性全部发挥出来，应＿＿＿＿＿＿＿＿＿＿＿＿＿＿＿＿＿＿＿＿。

11. Windows 2000 Server 对 CPU 的最低需求为＿＿＿＿＿＿。

12. Windows 2000 Server 对硬盘的最低要求为＿＿＿＿＿＿。

13. Windows 2000 Server 对内存的最低要求为＿＿＿＿＿＿。

14. Windows 2000 Server 支持＿＿＿授权模式。

15. Windows NT Server 4.0 升级到 Windows 2000 Server 后，Windows NT 的主要网域控制器会变成＿＿＿＿＿＿。

16. Windows NT Server 4.0 升级到 Windows 2000 Server 后，Windows NT 的备份网域控制器会变成＿＿＿＿＿＿、＿＿＿＿＿＿。

17. Windows NT Server 4.0 升级到 Windows 2000 Server 后，Windows NT Stand-alone 或 Member 会变成_____、_____。

18. Windows 2000 Server 安装后，其默认的文件夹为_____。

19. 使用光盘直接安装 Windows 2000 Server 的条件是_____。

20. Active Directory 中组织单位（OU）层次结构的深度为_____。

21. Active Directory 中_____是逻辑结构的核心。

22. Windows 2000 Server 用户账户有_____、_____、_____。

23. Windows 2000 Server 用户账户中权限最高的是_____。

24. Windows 2000 Server 用户账户中权限最低的是_____。

25. Windows 2000 Server 用户账户中不能删除的有_____、_____。

26. Windows 2000 Server 用户账户中能删除的有_____、_____。

27. Windows 2000 Server 用户账户中不能设为无效的是_____。

28. Windows 2000 Server 用户账户中可以设为无效的有_____、_____、_____。

29. Windows 2000 Server 用户账户中可以更名的有_____、_____、_____、_____。

30. Windows 2000 域系统中，合法的用户账户基本的组成要素有_____和_____。

31. Windows 2000 Server 内建用户组中_____主要用来指定其所属域内的存取权限。

32. 只有将 Windows 2000 Server 安装成独立服务器或成员服务器时，才拥有的内建用户组是_____。

33. 在 Windows 2000 的文件加密系统中，_____可以为文件解密。

34. 在 Windows 2000 的文件加密系统中，_____不可以为文件加密。

35. 在 Windows 2000 中，跨距磁盘区可用由多个磁盘的可用空间集合而成，它最多跨_____个实体。

36. 在 Windows 2000 中，使用 RAID-5 磁盘区最少需要_____个磁盘。

37. Windows 2000 中在对文件进行备份前，应把要备份的文件_____。

38. Windows 2000 中对文件进行备份时，要备份的文件在_____模式下会造成数据的失败。

39. 在 Windows 2000 Professional 当作打印服务器来使用时，最多可连接_____个用户。

40. 在给 Windows 2000 中安装打印机命名时，名称最多不要超过_____个字符。

41. 在 Windows 2000 中打印机池中的打印机应_____。

42. 在 Windows 2000 中打印机的最高优先级为_____。

43. 在 Windows 2000 中打印机的最低优先级为_____。

44. 在 Windows 2000 中，如果 User1 属于 Group1 与 Group2 两个群组，只有 Group1 具有管理文档的权限，则 User1_____。

二、选择题

1. Windows 2000 Server 具备以下哪些应用？（　　　　）

　　a. 文件服务器　　　b. 打印服务器　　　c. 数据库服务器

　　d. Web 服务器　　　e. 应用程序服务器

f. 网络和通信服务器　　　　　　g. 基础结构服务器

 A. a,b   B. e,f,g   C. a,b,c,d   D. a,b,c,d,e,f,g

2. 以下哪些是 NTFS 文件系统的优点？（　　　）

 a. 可管控文件和文件夹的安全性

 b. 可将文件压缩，让分割的磁盘中存放更多资料

 c. 可以允许个别用户使用的磁盘容量

 d. 可将硬盘中的资料加密

 A. a,b   B. a,c,d   C. b,c,d   D. a,b,c,d

3. 在安装 Windows 2000 Server 前应先明确（　　　）。

 a. 是升级安装、重新安装还是网络安装

 b. 系统磁盘分区   c. 服务器的授权模式

 d. 网络连接状况   e. 选取欲安装的组件

 f. 决定服务器的密码

 A. a,b   B. a,c,d,e,f   C. b,c,d   D. a,b,c,d,e,f

4. Windows NT Server 4.0 升级到 Windows 2000 Server 后，下列哪些项不被保留？（　　　）

 a. 原来的安装文件夹   b. 用户

 c. 组   d. 设定值   e. 使用权限

 A. a,b   B. a,c,d,e   C. b,c,d   D. 都被保留

5. 在将 Windows NT Server 4.0 升级到 Windows 2000 Server 前，应做（　　　）。

 a. 备份现存文件   b. 停用磁盘镜像

 c. 中断 UPS 设备   d. 停止 DHCP 与 WINS 服务

 A. a,b   B. a,c,d   C. b,c,d   D. a,b,c,d

6. 安装 Windows 2000 Server，最主要的步骤有以下 4 个，其顺序应为（　　　）。

 a. 运行安装程序 b. 运行安装向导 c. 网络设置 d. 完成安装

 A. a>b>c>d   B. b>a>c>d   C. a>c>b>d   D. b>c>a>d

7. Active Directory 可掌管的资源包括（　　　）。

 a. 文件数据 b. 外围设备 c. 主机关系 d. 数据库

 e. 用户 f. 服务 g. 网络资源

 A. a,b   B. a,c,d,e,f   C. b,c,d   D. a,b,c,d,e,f,g

8. 可与 Windows 2000 域建立单向信任关系的域有（　　　）。

 a. 不同林中的 Windows 2000 域 b. Windows NT 域 c. MIT Kerberos V5 域

 A. a   B. b   C. c   D. a,b,c

9. Windows 2000 Server 用户账户有（　　　）。

 a. 内建用户账户 b. 域用户账户 c. 本地用户账户

 A. a   B. b   C. c   D. a,b,c

10. Windows 2000 Server 用户账户中不能删除的有（　　　）。

 a. Administrator b. Guest   c. 域用户账户 d. 本地用户账号

 A. a,b   B. c,d   C. a   D. a,b,c,d

11. Windows 2000 Server 用户账户中能删除的有（　　　）。

 a. Administrator b. Guest   c. 域用户账户 d. 本地用户账号

 A. a,b   B. c,d   C. a   D. a,b,c,d

12. Windows 2000 Server 用户账户中不能设为无效的有（　　　）。

　　a. Administrator　b. Guest　　　　　c. 域用户账户　　　d. 本地用户账户

　　A. a,b　　　　　　B. c,d　　　　　　C. a　　　　　　　D. a,b,c,d

13. Windows 2000 Server 用户账户中可以设为无效的有（　　　）。

　　a. Administrator　b. Guest　　　　　c. 域用户账户　　　d. 本地用户账户

　　A. a,b　　　　　　B. c,d　　　　　　C. b,c,d　　　　　D. a,b,c,d

14. Windows 2000 Server 用户账户中可以更名的有（　　　）。

　　a. Administrator　b. Guest　　　　　c. 域用户账户　　　d. 本地用户账户

　　A. a,b　　　　　　B. c,d　　　　　　C. b,c,d　　　　　D. a,b,c,d

15. Windows 2000 域系统中，合法的用户账户基本的组成要素有（　　　）。

　　a. 登录名称　　　b. 密码　　　　　　c. 用户姓名　　　　d. 身份证号码

　　A. a,b　　　　　　B. c,d　　　　　　C. b,c,d　　　　　D. a,b,c,d

16. 在新用户账户对话框中不能省略的项是（　　　）。

　　a. 姓　　　　　　b. 名　　　　　　　c. 英文缩写　　　　d. 姓名

　　e. 用户登录名

　　A. a,b　　　　　　B. c,d　　　　　　C. d,e　　　　　　D. a,b,c,d

17. Windows 2000 Server 内建用户组有（　　　）。

　　a. 本地域组　　　b. 全局组　　　　　c. 本地组　　　　　d. 系统组

　　A. a,c　　　　　　B. b,d　　　　　　C. c,d　　　　　　D. a,b,c,d

18. 在下列（　　　）情况下，用户可考虑使用 DFS。

　　a. 存取共享文件夹的用户分散在一个或多个网站

　　b. 大部分用户需要存取多个共享文件夹

　　c. 重新分布共享文件夹可以改善服务器负载平衡

　　d. 用户需要不间断的存取共享文件

　　e. 组织拥有内部或外部使用的网站

　　A. a,b　　　　　　B. a,c,d　　　　　C. b,c,d　　　　　D. a,b,c,d,e

19. 在 Windows 2000 中的磁盘区中，不具备容错能力的磁盘区是（　　　）。

　　a. 简单磁盘区　　b. 跨距磁盘区　　　c. 镜像磁盘区　　　d. RAID-5 磁盘区

　　A. a,b　　　　　　B. b,d　　　　　　C. c,d　　　　　　D. a,b,c,d

20. 在 Windows 2000 中的磁盘区中，具备容错能力的磁盘区是（　　　）。

　　a. 简单磁盘区　　b. 跨距磁盘区　　　c. 镜像磁盘区　　　d. RAID-5 磁盘区

　　A. a,b　　　　　　B. b,d　　　　　　C. c,d　　　　　　D. a,b,c,d

21. 在 Windows 2000 中对文件具有备份权限的用户是（　　　）。

　　a. 所有用户　　　b. 具有读取权　　　c. 具有读取与执行权

　　d. 具有修改权　　e. 具有完全控制权

　　A. a,e　　　　　　B. a,c,d　　　　　C. b,c,d,e　　　　D. a,b,c,d,e

22. 在 Windows 2000 中对备份文件具有数据还原权限的用户是（　　　）。

　　a. 所有用户　　　b. 具有读取权　　　c. 具有读取与修改权

　　d. 具有修改权　　e. 具有完全控制权

　　A. a,e　　　　　　B. a,c,d　　　　　C. d,e　　　　　　D. a,b,c,d,e

23. 在 Windows 2000 的下列群组中，不论文件的权限设置为何，都对文件具有数据备份与还原权限的是（　　）。

    a. Administrators　　　　b. Backup operators　　　　c. Guests

    d. Power Users　　　　　e. Replicator

    A. a,b　　　　B. a,c,d　　　　C. b,c,d,e　　　　D. a,b,c,d,e

24. Windows 2000 中在对文件进行备份时，有下列哪些类型？（　　）

    a. 普通　　　b. 副本　　　c. 增量　　　d. 差异

    e. 每日

    A. a,b　　　　B. a,c,d　　　　C. b,c,d,e　　　　D. a,b,c,d,e

25. Windows 2000 中在对文件进行备份时，下列哪些类型会将备份文件标示为备份？（　　）

    a. 普通　　　b. 副本　　　c. 增量　　　d. 差异

    e. 每日

    A. a,b　　　　B. a,c　　　　C. b,c,d,e　　　　D. a,b,c,d,e

26. Windows 2000 中在对文件进行备份时，下列哪些类型不会将备份文件标示为备份？（　　）

    a. 普通　　　b. 副本　　　c. 增量　　　d. 差异

    e. 每日

    A. a,b　　　　B. a,c　　　　C. b,c,d,e　　　　D. a,b,c,d,e

27. 在 Windows 2000 的备份选项中，有下列哪些情况不要勾选"使用媒体上的编录加速在磁盘上建立还原编录"？（　　）

    a. 使用普通备份　　　　b. 使用副本备份

    c. 要从几个磁盘上还原数据

    d. 要从几个磁盘上还原数据且具有媒体编录的磁盘不存在

    e. 还原数据的媒体已损坏

    A. a,b　　　　B. a,c　　　　C. d,e　　　　D. a,b,d,e

28. 在 Windows 2000 下列有关打印的说法中，（　　）指的是硬件设备。

    a. 打印装置　　b. 打印机　　c. 打印工作　　d. 打印驱动程序

    e. 打印服务器

    A. a,e　　　　B. a,c,d　　　　C. d,e　　　　D. a,b,c,d,e

29. 在 Windows 2000 Professional 当作打印服务器来使用时，支持下列哪种计算机？（　　）

    a. UNIX　　　b. Windows 98　　　c. Windows 2000　　　d. Macintosh

    e. NetWare

    A. b,c　　　　B. a,b,c　　　　C. d,e　　　　D. a,b,c,d,e

30. 在 Windows 2000 Professional 当作打印服务器来使用时，不支持下列哪种计算机？（　　）

    a. UNIX　　　b. Windows 98　　　c. Windows 2000　　　d. Macintosh

    e. NetWare

    A. b,c　　　　B. a,b,c　　　　C. d,e　　　　D. a,b,c,d,e

第7章
目录服务和用户账户

在一个网络中，用户和计算机都是网络的主体，两者缺一不可。拥有计算机账户是计算机接入 Windows 2000 网络的基础，拥有用户账户是用户登录到网络并使用网络资源的基础，因此用户和计算机账户管理是 Windows 2000 网络管理中最必要且最经常的工作。用户可以实现建立用户账户、组、安全策略等项目。

7.1 活动目录 Active Directory

7.1.1 Active Directory 的概念

1．定义

活动目录 Active Directory 是面向 Windows Standard Server、Windows Enterprise Server 以及 Windows Datacenter Server 的目录服务。活动目录服务是 Windows Server 2000 操作系统平台的中心组件之一。理解活动目录对于理解 Windows Server 2000 的整体价值是非常重要的。

2．功能

Active Directory 存储了有关网络对象的信息，并且让管理员和用户能够轻松地查找和使用这些信息。Active Directory 使用了一种结构化的数据存储方式，并以此作为基础对目录信息进行合乎逻辑的分层组织。

3．数据存储词

数据存储词目录包含了有关各种对象，例如用户、用户组、计算机、域、组织单位（OU）以及安全策略的信息。这些信息可以被发布出来，以供用户和管理员的使用。

人们经常将数据存储作为目录的代名目录存储在被称为域控制器的服务器上，并且可以被网络应用程序或者服务所访问。一个域可能拥有一台以上的域控制器。由于目录可以被复制，而且所有的域控制器都拥有目录的一个可写副本，所以用户和管理员便可以在域的任何位置方便地获得所需的目录信息。

4．Active Directory 的域

域是网络对象（用户、组、计算机等）的分组，域中所有的对象都存储在活动目录中，活动目录由一个或多个域组成。域是 Windows 2000 或 Server 2003 网络系统的一个安全界限，即安全策略和访问控制设置等都不能跨越不同的域，每个域的管理员都有权设置属于该域的策略。

域是一个管理单位，是一种逻辑的组织形式。一个域就是 Active Directory 中的一个目录，

是 Active Directory 中逻辑结构的核心单元。一个域包含许多台计算机，它们由管理者设定，共用一个目录数据。

7.1.2　Active Directory 的逻辑结构

1．目录树

目录树是指在名称空间中，由容器和对象构成的层次结构。树的末梢叶子结点是对象，而非叶子结点都是容器。目录树表达了对象的连接方式，也显示了从一个对象到另一个对象的路径。在活动目录中，目录树是基本的结构。

2．林

一个或多个域树可以组成林，同一个林中的域也可以共享相同类的架构、站点和复制以及全局编录能力，但林中的域树之间并不形成连续的名称空间。在新林中创建的第一个域是该林的根域，林范围的管理组都位于该域，为了方便管理，新创建的域最好都位于林根域或子域。同一个林内的域是按双向可传输的信任关系进行链接的。

3．全局目录

应用程序和客户能够通过全局编录数据库，定位林内的任意对象。全局编录位于林内的一个或多个域控制器上，包含林内所有域目录分区的副本，而这些副本是林内每一个对象的副本，通常这些副本是搜索操作中最常用的属性和定位对象的完全副本所需要的属性。在全局目录中存储所有域对象的最常搜索的属性，可以为用户提供高效的搜索，而不会以不必要的域控制器参考而影响网络性能。

7.1.3　Active Directory 的物理结构

1．域控制器

域控制器是使用 Active Directory 安装向导配置的运行 windows 2000 Server 的计算机。一个域可有一个或多个域控制器，域控制器存储着目录数据并管理用户域的交互，包括用户登录过程、身份验证和目录搜索。

2．站点

站点是由一个或多个 IP 子网中的一组计算机组成，确保目录信息的有效交换，站点中的计算机需要很好的连接，尤其是子网内的计算机。站点和域名称空间之间没有必要的连接。站点反映网络的物理结构，而域通常反映用户单位的逻辑结构。逻辑结构和物理结构相互独立，所以网络的物理结构及其域结构之间没有必要的相关性，Active Directory 允许单个站点中有多个域，单个域中有多个站点。

活动目录中的站点代表网络的物理结构。活动目录使用拓扑信息来建立最有效的复制拓扑。可以在 Windows Server 域控制器上使用活动目录站点、服务定义站点和站点链接。站点和域不同，站点代表网络的物理结构，而域代表网络组织的逻辑结构。

3．Active Directory 用户和计算机

Active Directory 用户和计算机代表物理实体，如计算机或人。用户和计算机称为安全主体，是活动目录的具体对象。用户想要登录到网络中，需要有自己唯一的账户和密码。活动目录允许经过授权用户登录到计算机或域。活动目录中的计算机指加入域中的运行 Windows Server 2003、Windows 2000、Windows NT 系统的计算机。

7.2　Active Directory 的规划和安装

7.2.1　Active Directory 的规划

在安装 Active Directory 之前，用户首先要对 Active Directory 的结构进行细致的规划设计，让用户和管理员在使用时更为轻松。

1．规划 DNS

如果用户准备使用 Active Directory，则需要先规划名称空间。DNS 域名称空间能在 Windows 2000 中正确执行之前，需要有可用的 Active Directory 结构。所以，从 Active Directory 设计着手并用适当的 DNS 名称空间支持它。经过审阅，如果检测到任何规划中有不可预见的或不合要求的结果，则根据需要进行修改。

在 Windows 2000 中，用 DNS 名称命名 Active Directory 域。选择 DNS 名称用于 Active Directory 域时，以单位保留在 Internet 上使用的已注册 DNS 域名后缀开始（如 "root.com"），并将该名称和单位中使用的地理名称或部门名称结合起来，组成 Active Directory 域的全名。

例如，root 的 sales 测试组可能称它们的域为 "sales.child.root.com"。这种命名方法确保每个 Active Directory 域名是全球唯一的。而且，这种命名方法一旦被采用，使用现有名称作为创建其他子域的父名称以及进一步增大名称空间以供单位中的新部门使用的过程将变得非常简单。

2．规划用户的域结构

最容易管理的域结构就是单域。规划时，用户应从单域开始，并且只有在单域模式不能满足用户的要求时，才增加其他的域。

一个域可跨越多个站点并且包含数百万个对象。站点结构和域结构互相独立而且非常灵活。单域可跨越多个地理站点，并且单个站点可包含属于多个域的用户和计算机。如果只是反映用户公司的部门组织结构，则不必创建独立的域树。在一个域中，可以使用组织单位来实现这个目标。然后，可以指定组策略设置，并将用户、组和计算机放在组织单位中。

创建多个域的原因有：

① 部门之间不同的密码要求。

② 大量的对象。

③ 不同的 Internet 域名。

④ 对复制进行更多的控制。

⑤ 分散的网络管理。

3．规划组织单位结构

可以在域中创建组织单位的层次结构。组织单位可包含用户、组、计算机、打印机、共享文件夹以及其他组织单位。组织单位是目录容器对象。它们表现为 "Active Directory 用户和计算机" 中的文件夹。组织单位简化了域中目录对象的视图以及这些对象的管理。可将每个组织单位的管理控制权委派给特定的人。这样，用户就可以在管理员中分配域的管理工作，以更接近指派的单位职责的方式来管理这些管理性职责工作。

通常，应该创建能反映组织单位的职能或商务结构的单位。例如，用户可以创建顶级单位，例如人事关系、设备管理和营销等部门单位。在人事关系单位中，用户可以创建其他的嵌套组织单位，例如福利和招聘单位。在招聘单位中，也可以创建另一级的嵌套单位。例如，内部招聘和外部招聘单位。总之，组织单位可使用户以一种更有意义且易于管理的方式来模拟用户实际工作的单位，而且在任何一级指派一个适当的本地权力机构作为管理员。

每个域都可实现自己的组织单位层次结构。如果用户的企业包含多个域，则可以独立于其他域中的结构在每个域中创建组织单位的结构。

4．规划用户的委派模式

用户可以将权限下派给单位中最底层部门，方法是在每个域中创建组织单位树，并将部分组织单位子树的权限委派给其他用户或组。通过委派管理权限，用户不再需要那些定期登录到特定账户的人员，这些账户具有对整个域的管理权。用户还拥有带整个域的管理授权的管理员账户和域管理员器组，可以仍保留这些账户以备少数高度信任的管理员偶尔使用。

7.2.2　Active Directory 的安装

运行 Active Directory 安装向导将 Windows 2000 Server 计算机升级为域控制器，会创建一个新域，或者向现有的域添加其他域控制器。创建域控制器可以：

① 创建网络中的第一个域。

② 在树林中创建其他的域。

③ 提高网络可用性和可靠性。

④ 提高站点之间的网络性能。

要创建 Windows 2000 域，必须在该域中至少创建一个域控制器。创建域控制器也将创建该域。

在安装 Active Directory 前首先确定 DNS 服务正常工作，下面介绍安装根域为 nt2000.com 的域中第一台域控制器。

① 利用配置服务器启动位于%Systemroot%\system32 中的 Active Directory 安装向导程序 DCPromo.exe，弹出"Active Directory 安装向导"对话框，如图 7-1 所示，单击"下一步"按钮。

图 7-1　"Active Directory 安装向导"对话框

② 由于用户所建立的是域中的第一台域控制器，所以选择"新域的域控制器"，单击"下一步"按钮。

③ 选择"创建一个新域的域目录树",单击"下一步"按钮。

④ 选择"创建一个新域的域目录林",单击"下一步"按钮。

⑤ 在"新域的 DNS 全名"中输入要创建的域名：nt2000.com，如图 7-2 所示，单击"下一步"按钮。

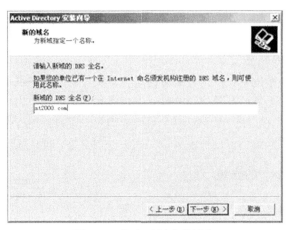

图 7-2　输入要创建的域名

⑥ 安装向导自动将域控制器的 NetBIOS 名设置为"nt2000"，单击"下一步"按钮。

⑦ 显示数据库、目录文件及 Sysvol 文件的保存位置，一般不必作修改，直接单击"下一步"按钮。

⑧ 配置 DNS 服务，单击"下一步"按钮。(如果在安装 Active Directory 之前未配置 DNS 服务器，可以在此让安装向导配置 DNS，推荐使用这种方法。)

⑨ 为用户和组选择默认权限，考虑到现在大多数单位中仍然需要使用 Windows 2000 的以前版本，所以选择"与 Windows 2000 服务器之前版本相兼容的权限"，如图 7-3 所示，单击"下一步"按钮。

⑩ 输入以目录恢复模式下的管理员密码，单击"下一步"按钮。

⑪ 安装向导显示摘要信息，显示之前所做的所有选择，如果发现选择有误，可以单击"上一步"按钮进行修改，若无修改，继续单击"下一步"按钮开始安装，如图 7-4 所示。

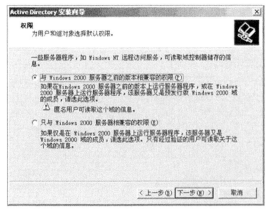

图 7-3　为用户和组对象选择默认权限

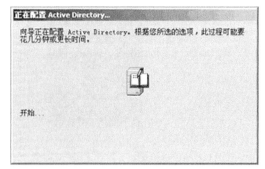

图 7-4　安装过程中

⑫ 安装完成之后，重新启动计算机。

7.3　管理域信任

　　域信任是域之间建立的关系，可使一个域中的用户由处在另一个域中的域控制器来进行验证。身份验证请求遵循信任路径。

7.3.1　添加用户主要名称后缀

　　① 选择"开始"→"程序"→"管理工具"→"Active Directory 域和信任关系"命令，打开"Active Directory 域和信任关系"。

　　② 在控制台树中，右击"Active Directory 域和信任关系"，再选择"属性"命令。

　　③ 在"UPN 后缀"选项卡中，为域输入其他的 UPN（User Primary Name）后缀，再单击"添加"按钮。

　　④ 重复第③步，以添加其他候选的用户主要名称后缀。

7.3.2　域信任关系建立的过程

　　域信任关系建立的过程如下。

　　① 打开 Active Directory 域信任关系。

　　② 在控制台树中，右击要管理的域的域结点，然后选择"属性"命令。

　　③ 单击"信任"选项卡。

　　④ 根据需要，单击"受此域信任的域"或"信任此域的域"，然后单击"添加"按钮。

　　⑤ 如果要添加的域是 Windows 2000 域，则输入域的 DNS 全名。

　　⑥ 如果域正在运行以前的 Windows 版本，则输入域名。

　　⑦ 输入此信任关系的密码，并确认该密码。输入的密码必须是信任域和被信任域双方都接受的，且两次输入必须完全相同。

　　⑧ 对于形成明确信任关系的其他部分的域，重复此步骤。

　　域的信任关系分单向信任和双向信任关系。

7.3.3　验证信任关系

　　验证信任关系的过程如下：

　　① 打开 Active Directory 域信任关系。

　　② 在控制台树中，右击要验证的信任关系所涉及的一个域，然后选择"属性"命令。

　　③ 单击"信任"选项卡。

　　④ 在"受此域信任的域"或"信任此域的域"中，单击要验证的信任关系，然后单击"编辑"按钮。

　　⑤ 单击"验证"按钮。

7.3.4　撤销信任关系

　　撤销信任关系的过程如下：

　　① 打开 Active Directory 域信任关系。

　　② 在控制台树中，右击要撤销的信任关系所涉及的一个域结点，然后选择"属性"命令。

　　③ 单击"信任"选项卡。

④ 在"受此域信任的域"或"信任此域的域"中，单击要撤销的信任关系，然后单击"删除"按钮。

⑤ 对于此信任关系中涉及的其他域，重复该过程。

7.4 管理 Active Directory 用户账户

7.4.1 创建本地用户账户

创建本地用户账户的过程如下：

① 单击"开始"→"管理工具"→"计算机管理"。

② 添加用户：右击"本地用户和组"中的"用户"，选择"新用户"命令。

③ 依次在"用户名""全名""描述"中输入用户信息。

④ 在"密码"和"确认密码"中，输入要为用户设置的密码。

⑤ 单击"创建"按钮，在"计算机管理—用户"子窗口中看到新创建的账号。

7.4.2 创建域用户账户

在 Active Directory 中，Active Directory 域名通常是域的完整 DNS 名称，每个用户账户都有一个用户登录名、一个 Windows 2000 版本的用户登录名和一个用户主要名称后缀。

① 在"管理工具"中，打开"Active Directory 用户和计算机"窗口。

② 在控制台树中，单击之后再双击域结点，展开该结点。

③ 右击要添加用户的组织单位，选择"新建"→"用户"命令。

④ 在"名"中，输入用户的名；在"英文缩写"中，输入用户的中间名；在"姓"中，输入用户的姓；根据需要修改"全名"。

⑤ 在"用户登录名"中，输入用户登录的名称，单击须附加到用户登录名称的 UPN 后缀。

⑥ 在"密码"和"确认密码"中，输入要为用户设置的密码。

⑦ 选择相应的密码选项。如果希望用户下次登录时更改密码，可启用"用户下次登录时须更改密码"复选框，否则启用"用户不能更改密码"复选框。如果希望密码永远不过期，可启用"密码永不过期"复选框。如果暂不启用该用户账户，可启用"账户已停用"复选框。

⑧ 单击"下一步"按钮，在"摘要"窗口中单击"完成"按钮。

7.4.3 设置用户账户属性

每个 Active Directory 用户账户有许多与安全性相关的选项，这些选项确定如何在网络上验证通过特殊用户账户登录的人。

① 选择"停用账户"选项，防止用户通过选择用户登录。管理员将禁用的账户用作公用用户账户的模板。

② 选择"交互式登录所需的智能卡"，选择安全地存储用户的公钥和私钥、密码以及其他类型的个人信息。必须连接到用户计算机的智能卡阅读器，必须有可登录到网络的个人标识号（PIN）。

③ 选择"信任可用于委派的用户"选项，可给予用户将部分域名称空间的管理责任指派给另一用户、组的权力。

设置用户账户可以执行以下步骤：

1. 打开属性窗口

① 打开 Active Directory 用户和计算机。

② 在控制台树中，单击"用户"，或单击包含所需用户账户的文件夹。

③ 右击用户账户，然后选择"属性"命令。

2. 修改账户基本信息

① 在用户账户属性窗口中，单击"账户"选项卡，在"用户登录名"中输入新的用户名，重新命名用户账户；在"账户选项"中选中"账户已停用"复选框，可禁用用户账户，取消复选框则启用已禁用的用户账户。

② 在"账户过期"选项中，可以对用户的过期时间进行设定，内容包括："永不过期"和"在这之后"两种选择。

③ 单击"登录时间"打开"登录时段"窗口，可以设置允许用户登录的时段以及禁止用户登录的时段，该时段以每周为一循环。设置允许用户 ABC 在每周的周一至周五的早 8 点到晚 6 点时段内登录，其他时段禁止登录。

④ 单击"登录到"按钮，打开"登录工作站"的窗口，设置允许用户登录的计算机名称。选择的选项包括"所有计算机"和"下列计算机"两个单选项，选择了"下列计算机"时，可以在"计算机名"中输入具体的计算机名称。

3. 把用户加入到指定的组

选择"成员属于"选项卡，单击"添加"按钮打开对话框，在窗格的组列表中选择要加入的组后单击"添加"按钮，重复进行，直到选择了所有的组后单击"确定"按钮，关闭"选择组"对话框，再单击"确定"按钮关闭属性对话框。

4. 更改用户配置文件

单击"配置文件"选项卡，输入配置文件路径、登录脚本以及主文件夹的本地路径选项，保证新建用户每次登录获得同样的桌面并打开同样的文件夹。

5. 设定用户拨入权限

单击"拨入"选项卡，选择"远程访问权限""回拨选项""IP 地址""路由"等。单击"确定"按钮即完成"用户拨入权限"设置。

6. 设定用户账户安全选项

在"Active Directory 用户和计算机"窗口中，打开用户"属性"窗口，单击"安全"选项卡，在此窗口中管理员可以添加、修改、删除用户的安全权限属性；单击"高级"按钮，打开"高级属性"对话框，在"高级属性"对话框中单击"查看/编辑"按钮，在此对话框可对对象操作权限进行修改，修改后，单击"确定"按钮返回；单击"审核"选项卡，再单击"查看/编辑"按钮，打开"审核项目"对话框，可修改要审核的项目，修改后，单击"确定"按钮返回。在对话框单击"确定"按钮返回"属性"对话框后，单击"确定"按钮即可完成所有修改。

7.4.4　有关用户账户的其他操作

1. 复制用户账户

① 打开 Active Directory 用户和计算机。

② 在控制台中，单击"用户"，或单击包含用户账户的文件夹。

③ 在详细信息窗格中，右击复制的用户账户，选择"复制"命令。

④ 在"名"中，输入用户的名；在"姓"中，输入用户的姓；修改"全名"添加中间名或姓氏。

⑤ 在"用户登录名"中，输入用户用于登录的名称，从列表中单击须附加到用户登录名称的 UPN 后缀。

⑥ 在"密码"和"确定密码"中，输入用户的密码。

⑦ 选择合适的密码选项。

⑧ 如果从中复制新用户账户的用户账户被禁用了，请单击"账户被禁用"以启用新的账户。

2．删除用户账户

① 打开 Active Directory 用户和计算机。

② 在控制台树中，单击"用户"，或者单击包含该用户账户的文件夹。

③ 右击用户账户，然后选择"删除"命令。

3．重设用户密码

① 打开 Active Directory 用户和计算机。

② 在控制台中，单击"用户"，或者单击包含用户账户的文件夹。

③ 在详细信息窗格中，右击要重置密码的用户，选择"重设密码"命令。

④ 输入并确认密码。

4．移动用户账户

① 打开 Active Directory 用户和计算机。

② 在控制台中，单击"用户"，或者单击包含用户账户的文件夹。

③ 在详细信息窗格中，右击要移动的用户，选择"移动"命令。

④ 在"移动"对话框中，单击用户账户移动至的文件夹。

5．查找用户账户或联系人

① 打开 Active Directory 用户和计算机。

② 想在整个域中搜索，可在控制台中右击域结点，选择"查找"命令。

③ 在"名称"中，输入要查找的用户名称。

④ 单击"开始查找"按钮。

7.5　管理 Active Directory 组账户

7.5.1　组的概念

组包含用户、联系人、计算机和 Active Directory 或本机对象。使用组可以：

① 管理用户、计算机和 Active Directory 对象及属性、网络共享位置、文件、目录、打印机列队等。

② 筛选器组策略设置。

③ 创建电子邮件分布组。

7.5.2 组的类型

1．安全组

安全组用于将用户、计算机和其他组收集到可管理的单位中。为资源指派权限时，管理员应将权限指派给安全组。

2．分布组

分布组只能用作电子邮件的分布组，不能用于筛选组策略设置。

7.5.3 新建组账户

① 打开 Active Directory 用户和计算机。

② 在控制台树中，双击域结点。

③ 右击添加组的文件夹，选择"新建"→"组"选项。

④ 输入新组的名称。

⑤ 单击"组作用域"。

⑥ 单击"组类型"。

7.5.4 设置组的属性

1．转换介绍

域处于本机模式的情况下，组都可以从安全组转换为分布组。域处于混合模式时不能转换组。创建新组时，新组配置为具有全局作用域的安全组，与当前域模式无关。不允许在混合模式域中更改组作用域。

设置组的属性可以执行以下步骤：

① 打开 Active Directory 用户和计算机。

② 在控制台中，双击域结点。

③ 单击包含组的文件夹。

④ 在详细信息窗格中，右击组，选择"属性"命令。

⑤ 在"常规"选项卡窗口中，选中"组作用域"和"组类型"，单击"确定"按钮即完成转换组类型和更改组作用域的操作。

2．将用户添加进新建的组

① 打开 Active Directory 用户和计算机。

② 在控制台中，双击域结点。

③ 单击包含添加成员的组的文件夹。

④ 在详细信息窗格中，右击组，选择"属性"命令。

⑤ 单击"成员"选项卡，单击"添加"按钮。

⑥ 单击"查找范围"显示域的列表，从该列表中将用户和计算机添加到组，单击要添加的用户和计算机所属的域。

⑦ 单击要添加的用户和计算机，单击"添加"按钮，可将多个用户加入组。

⑧ 单击"确定"按钮完成添加，单击"确定"按钮关闭"属性"。

3．将组加入到别的组

① 打开 Active Directory 用户和计算机。

② 在控制台中，双击域结点。

③ 单击包含添加成员的组的文件夹。

④ 在详细信息窗格中，右击组，选择"属性"命令。

⑤ 单击"成员属于"选项卡，单击"添加"按钮。

⑥ 单击要加入的组，单击"添加"按钮。

4．设定组的安全属性

① 打开 Active Directory 用户和计算机。

② 在控制台中，双击域结点。

③ 单击包含添加成员的组的文件夹。

④ 在详细信息窗格中，右击组，选择"属性"命令。

⑤ 单击"安全"选项卡，打开对话框，可添加、修改、删除其成员对该组的安全操作权限。

⑥ 单击"高级"按钮，打开组的高级安全属性对话框，在窗口中单击"查看/编辑"按钮，打开编辑组的安全权限项目对话框，在对话框中，可对特定对象的操作权限进行修改，修改后，单击"确定"按钮返回。

⑦ 单击"审核"选项卡，单击"查看/编辑"按钮，打开"审核项目"对话框，修改要审核的项目，修改后，单击"确定"按钮返回。单击"确定"按钮返回"属性"对话框，单击"确定"按钮即完成所有修改。

7.5.5 其他有关组的操作

1．删除组

① 打开 Active Directory 用户和计算机。

② 在控制台中，双击域结点。

③ 单击包含组的文件夹。

④ 在详细信息窗格中，右击组，选择"删除"命令。

2．重命名组

① 打开 Active Directory 用户和计算机。

② 在控制台中，双击域结点。

③ 单击组所在的文件夹。

④ 在详细信息窗格中，右击组，选择"重命名"命令。

⑤ 输入新组的名称，按【Enter】键确定，按【Esc】键取消操作。

3．移动组

① 打开 Active Directory 用户和计算机。

② 在控制台中，单击"组"。

③ 在详细信息窗格中，右击要移动的组，选择"移动"命令。

④ 在"移动"对话框中，单击用户账户要移动至的文件夹，单击"确定"按钮。

7.6 管理组织单位

7.6.1 组织单位的介绍

包含在域中的有用的目录对象类型就是组织单位。组织单位是将用户、组、计算机放入其中的 Active Directory 容器。组织单位不能包括来自其他域的对象。

组织单位是可以指派组策略设置或委派管理权限的最小作用域或单位。使用组织单位，可在组织单位中代表逻辑层次结构的域中创建容器，可以根据组织模型管理账户和资质的配置和使用。

7.6.2 添加组织单位

① 打开 Active Directory 用户和计算机。

② 在控制台中，双击域结点。

③ 右击域结点或添加组织单位的文件夹，选择"新建"→"组织单位"命令。

④ 输入组织单位的名称，然后单击"确定"按钮。

7.6.3 设置组织单位属性

① 打开 Active Directory 用户和计算机。

② 在控制台中，双击域结点。

③ 在详细信息窗格中，右击组织单位的文件夹，选择"属性"命令。

7.6.4 其他有关组织单位的操作

1. 删除组织单位

① 打开 Active Directory 用户和计算机。

② 在控制台中，双击域结点。

③ 在详细信息窗格中，右击组织单位，选择"删除"命令。

2. 移动组织单位

① 打开 Active Directory 用户和计算机。

② 在控制台树中，双击域结点。

③ 在详细信息窗格中，右击组织单位，选择"移动"命令。

④ 在"移动"对话框中，单击组织单位要移至的文件夹，单击"确定"按钮。

3. 重新命名组织单位

① 打开 Active Directory 用户和计算机。

② 在控制台中，双击域结点。

③ 在详细信息窗格中，右击要重命名的单位，选择"重命名"命令，输入新名称。

4. 委派组织单位的控制权

① 打开 Active Directory 用户和计算机。

② 在控制台中，双击域结点。

③ 在详细信息窗格中，右击组织单位，选择"委派控制"命令来启动控制委派向导。

④ 在"控制委派向导"窗口中单击"添加"按钮加入委派的用户或组。

⑤ 在委派任务中，指定委派的公用任务或创建委派任务。

⑥ 在"完成控制委派"信息窗口中单击"完成"按钮结束操作。

5. 查找组织单位

① 打开 Active Directory 用户和计算机。

② 在控制台中，右击域结点，选择"查找"命令。

③ 在"查找"列表中，单击"组织单位"。

④ 输入要查找的单位名称，然后单击"开始查找"。

本章小结

Active Directory 能够进行多个域控制器的管理及多域结构的简单配置，为用户提供更好的服务。Active Directory 给我们带来了全新的管理理念，本章介绍了账户管理方面的知识。用户账户的管理是网络系统管理中重要的环节，将为网络安全带来一定的好处。通过本章的学习，了解 Windows 2000 Server 的管理工具及简单的应用，掌握使用计算机管理进行用户管理、用户账户和用户组的管理。

习 题

【操作要求】

1. 新建用户账号：使用"Active Directory 用户和计算机"建立一个新用户，新用户账号需要定义的属性值如表 7-1-1 所示。输入表所示 7-1-1 属性值，将设置后的对话框拷屏，以文件名 7-1-1.gif、7-1-2.gif 保存到考生文件夹。

表 7-1-1　用户账号属性表

资 料 种 类	值
姓	New
名	AdminiUser
英文缩写	–Opr
用户登录名	NewAdminiUser
密码	NewAdminiUser
确认密码	NewAdminiUser
密码选项	用户下次登录时须更改密码

2. 限制账户属性：将用户 NewAdminiUser-Opr 的登录时间限制为允许星期一和星期五8:00—20:00，将设置后的"登录时段"对话框拷屏，以文件名 7-1-3.gif 保存到考生文件夹；将用户登录工作站设置为允许所有计算机，将设置后的"登录工作站"对话框拷屏，以文件名 7-1-4.gif 保存到考生文件夹；将"账户过期"设置为"永不过期"，将设置后的

"NewAdminiUser–Opr 属性"对话框的"账户"选项卡拷屏,以文件名 7–1–5.gif 保存到考生文件夹。

3. 指定所属组:将用户 NewAdminiUser–Opr 指定为 Administrators 组的成员,然后将设置的结果拷屏,以文件名 7–1–6.gif 保存到考生文件夹。

4. 设定登录环境:输入表 7–1–2 所示需要设置用户 NewAdminiUser–Opr 的用户环境属性,将设置后的对话框拷屏,以文件名 7–1–7.gif 保存到考生文件夹。

表 7-1-2　用户环境属性

属　　性	值
用户配置文件路径	\\WIN2K\netlogon
登录脚本名	NewAdminiUser.bat
本地路径	d:\users

5. 限制拨入权限:给予用户 NewAdminiUser–Opr "远程访问权限"的"允许访问"权限,"回拨选项"设置为"不回拨",将设置后的"拨入"选项卡拷屏,以文件名 7–1–8.gif 保存到考生文件夹。

6. 设定安全属性:将 NewAdminiUser–Opr 账户的权限设置为允许 Everyone 组的读取权限,将设置后的对话框拷屏,以文件名 7–1–9.gif 保存到考生文件夹。

7. 新建用户组:建立一个新组,其属性如表 7–1–3 所示,将设置后的对话框拷屏,以文件名 7–1–10.gif 保存到考生文件夹。

表 7-1-3　用户组属性

属　　性	值
组名	NewGlobleSecuritGroup51
组作用域	全局
组类型	安全式

8. 为用户组添加成员:将用户 NewAdminiUser–Opr 和 Guest 加入到新建的用户组;将组 NewGlobleSecuritGroup51 加入到组 users 中。将设置后的对话框拷屏,分别以文件名 7–1–11.gif、7–1–12.gif 保存到考生文件夹。

9. 设置账户原则:按表 7–1–4 中的值设置密码策略、账户锁定策略,将设置后的对话框拷屏,以文件名 7–1–13.gif、7–1–14.gif 保存到考生文件夹。

表 7-1-4　密码策略属性

属　　性	值
密码必须符合复杂性要求	已启用
密码长度最小值	6 个字符
密码最长存留期	30 天
密码最短存留期	1 天
强制密码历史	5 个记住的密码
为域中所有用户使用可以还原的加密来储存密码	已停用
复位账户锁定计数器	60 分钟以后
账户锁定时间	60 分钟

10. 设置用户权利：指派表 7-1-5 中所赋值的策略，将设置后的对话框拷屏，以文件名 7-1-15.gif 保存到考生文件夹。

表 7-1-5　设置用户权利指派

属　　性	值
创建永久共享对象	Administrators
从网络访问此计算机	Administrators，Backup Operators
从远端系统强制关机	Administrators
关闭系统	Administrators
还原文件和目录	Administrators

11. 设置审核策略：按表 7-1-6 中的值设置审核策略，将设置后的对话框拷屏，以文件名 7-1-16.gif 保存到考生文件夹。

表 7-1-6　设置审核策略

属　　性	值
审核策略更改	失败
审核登录事件	成功，失败
审核对象访问	失败
审核过程追踪	成功，失败
审核文件夹服务访问	成功，失败
审核特权使用	失败
审核系统事件	失败
审核账户登录事件	失败
审核账户管理	成功，失败

12. 设置安全选项：按表 7-1-7 中的值设置安全选项，将设置后的对话框拷屏，以文件名 7-1-17.gif、7-1-18.gif 保存到考生文件夹。

表 7-1-7

属　　性	值
登录时间用完自动注销用户	已启用
登录屏幕上不要显示上次登录的用户名	已启用
登录时间过期就自动注销用户	已启用
允许在未登录前关机	已启用
在密码到期前提示用户更改密码	3 天
只有本地登录的用户才可使用 CD-ROM	已启用
只有本地登录的用户才可使用软盘	已启用

第8章

DNS 服务器的配置与管理

DNS 服务器所提供的服务是将主机名和域名转换为 IP 地址。为什么需要将主机名转换为 IP 地址呢？下面简单介绍 DNS 服务器的概念及配置等内容。

8.1　DNS 服务器概述

当网络上的一台客户机访问某一服务器上的资源时，用户在浏览器地址栏中输入的是人们便于识记的主机名和域名。而网络上的计算机之间实现连接却是通过每台计算机在网络中拥有的唯一的 IP 地址来完成的，这样就需要在用户容易记忆的地址和计算机能够识别的地址之间有一个解析，DNS 服务器便充当了地址解析的重要角色。

8.1.1　DNS 的定义

DNS 服务器是计算机域名系统（Domain Name System 或 Domain Name Service）的缩写，是一个分布式的数据库系统，是因特网的一项核心服务，它作为可以将域名和 IP 地址相互映射的一个分布式数据库，能够使人更方便地访问互联网，而不用去记住能够被机器直接读取的 IP 数串。DNS 具有两大功能：一是定义了一套为主机命名的规则；二是可将域名高效率地转换成 IP 地址。

域名系统由以下 3 部分组成：

① 域名空间和相关资源记录（RR）：它们构成了 DNS 分布式数据库系统。

② DNS 名称服务器：这是一台维护 DNS 的分布式数据库系统的服务器，并查询该系统以完成来自 DNS 客户机的查询请求。

③ DNS 解析器：DNS 客户机中的一个进程，用来帮助客户端访问 DNS 系统，并发出名称查询请求以获得解析的结果。

8.1.2　DNS 域名原理

1. 域名

域名（Domain Name），是由圆点分开的一串串单词或缩写组成地址，简单来说，域名就是平常用的网址。每一个域名都对应唯一的 IP 地址。

DNS 利用完整的名称方式来记录和说明 DNS 域名，就像用户在命令行显示一个文件或目录的路径，如 "C:\Winnt\System32\Drivers\Etc\Services.txt"。同样，在一个完整的 DNS 域名中包含着多级域名。

2．DNS 域名系统

DNS 域名空间是一种树状结构，如图 8-1 所示。

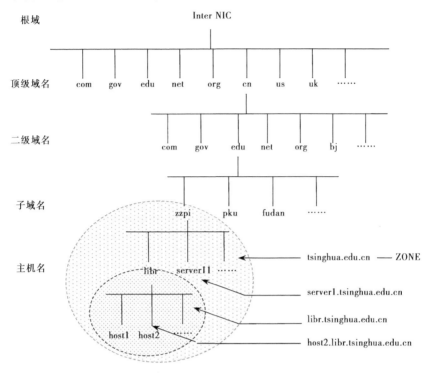

图 8-1　DNS 域名空间树状结构图

（1）根域

根域是 DNS 层次结构的根结点，根域没有名称，它代表整个 Internet 或 Intranet，用圆点"."表示，在 DNS 名称表示中通常省略。根域没有上级域，全世界的 DNS 名称空间都是由 InterNIC 机构负责管理或授权管理的。在根域服务器中保存着顶级域的 DNS 服务器名称和 IP 地址的对应关系。

（2）顶级域名

顶级域名有 3 类：

① 国家或地区顶级域名：国家或地区顶级域名代表国家或地区的代码，现在使用的国家或地区顶级域名约为 200 个。例如，cn 代表中国，us 代表美国，uk 代表英国，nl 代表荷兰，jp 代表日本。

② 国际顶级域名：采用 int，国际性的组织可在 int 下注册。

③ 通用顶级域名：com 表示公司企业，edu 表示教育机构，net 表示网络服务机构，org 表示非营利性组织，gov 表示政府部门等。

顶级域名由也由 InterNIC 机构管理，它管理二级域名。

（3）二级域名

我国将二级域名分为以下两类：

① 类别域名：我国的类别域名有 6 个，ac 表示科研机构，com 表示工、商、金融企业，net 表示互联网络、接入网络的信息中心和运行中心，gov 表示政府部门，edu 表示教育机构，org 表示非营利性组织。

② 行政区域名：行政区域名共 34 个，使用于各省、自治区和直辖市。例如，bj 表示北京市，he 表示河北省，ln 表示辽宁省，sh 表示上海市，xj 表示新疆维吾尔自治区。

（4）子域名

子域名，即三级域名，由二级域名管理，在二级域名 edu 下申请三级域名由中国教育和科研计算机网络中心负责，例如：清华大学 tsinghua，复旦大学 fudan，北京大学 pku。其他带 cn 中国标志的三级域名都由中国互联网网络信息中心管理。

（5）主机名

主机名与 DNS 后缀一起用来标识 TCP/IP 网络上的资源。

3. 区域

区域（Zone）是一个用于存储单个 DNS 域名的数据库，它是域名称空间树状结构的一部分，DNS 服务器是以 Zone 为单位来管理域名空间的，Zone 中的数据保存在管理它的 DNS 服务器中。当在现有的域中添加子域时，该子域既可以包含在现有的 Zone 中，也可以为它创建一个新 Zone 或包含在其他的 Zone 中。一个 DNS 服务器可以管理一个或多个 Zone，同时一个 Zone 可以由多个 DNS 服务器来管理。

用户可以将一个 Domain 划分成多个 Zone 分别进行管理以减轻网络管理的负荷，microsoft.com 是一个域，用户可以将它划分为 Zone：microsoft.com 和 example.Microsoft.com，Zone 的数据分别保存在单独的 DNS 服务器中。

4. DNS 查询的工作方式

DNS 分为客户机 Client 和服务器 Server，Client 向 Server 询问一个域名，服务器则回答域名的真正 IP 地址。当 DNS 客户机向 DNS 服务器提出查询请求时，每个查询信息都包括两部分信息：一个指定的 DNS 域名，要求使用完整名称（FQDN）；另一个是指定查询类型，可以指定资源记录类型又可以指定查询操作的类型。

DNS 查询以各种不同的方式进行解析，查询模式主要有：

① 本地查询：当在客户机 Web 浏览器中输入一个 DNS 域名，则客户机产生一个查询并将查询传给 DNS 客户服务，利用本机的缓存信息进行解析，如果查询信息可以被解析则完成了查询。

② 递归查询（Recursive Query）：客户机送出查询请求后，DNS 服务器必须告诉客户机正确的数据（IP 地址）或通知客户机找不到其所需数据。如果 DNS 服务器内没有所需要的数据，则 DNS 服务器会代替客户机向其他的 DNS 服务器查询。客户机只需接触一次 DNS 服务器系统，就可得到所需的结点地址。

③ 迭代查询（Iterative Query）：客户机送出查询请求后，若该 DNS 服务器中不包含所需数据，它会告诉客户机另外一台 DNS 服务器的 IP 地址，使客户机自动转向另外一台 DNS 服务器查询，依次类推，直到查到数据，否则由最后一台 DNS 服务器通知客户机查询失败。

④ 反向查询（Reverse Query）：当 DNS 客户机利用 IP 地址查询其主机完整域名时，被称为反向查询，即 FQDN。

客户机通过 DNS 服务器提供的地址直接尝试向其他 DNS 服务器提出查询请求。这种查询方式称为反复查询。

5. 区域的复制与传输

由于区域在 DNS 中所处的重要地位，用户可以通过多个 DNS 服务器提高域名解析的可靠性和容错性。当一台 DNS 服务器发生问题时，可以用其他 DNS 服务器提供域名解析。这就需要利用区域复制和同步方法来确保 DNS 服务器中域的记录相同。

在 Windows 2000 服务器中，DNS 服务支持增量区域传输。增量区域传输就是在更新区域中的记录时，DNS 服务器之间只传输发生改变的记录，提高传输的效率。区域传输一般在以下情况启动：

① 当区域的刷新间隔到期时。

② 当管理区域的辅助 DNS 服务器启动时。

③ 当主服务器向辅助服务器通知区域更改时。

④ 当在主 DNS 服务器记录发生改变并设置了通告列表时。

8.2　DNS 的特性与安装

Microsoft Active Directory（活动目录）服务是 Windows 平台的核心组件，它为用户管理网络环境各个组成要素的标识和关系提供了一种有力的手段。活动目录集成了多项关键服务，其中包括域名服务（DNS）。

8.2.1　在 Windows 2000 Server 中的 DNS 服务的新特性

Active Directory 提供了一个企业级的工具，利用网络组织、管理、定位资源。

当 DNS 服务与 Active Directory 集成在一起，会发生两个变化：

① DNS 需要安装在 Windows 2000 域控制器中。Net Logon 服务利用新的 DNS 服务器所支持的服务位置（SRV）资源记录提供客户机注册的服务。

② 用户利用 Active Directory 来存储、集成及复制区域。DNS 服务在域控制器中是默认安装的，域控制器的定位和活动目录的应用需要 DNS 服务器的支持。

活动目录安装完成，用户可以有两种方式保存和复制区域：

① 利用文本文件存储标准区域信息。区域信息存储在%SystemRoot%\System32\Dns 目录下的*.dns 文件中。

② 利用活动目录存储完整目录区域信息。区域信息存储在活动目录树中的域对象容器中，每个目录集成区域存储在一个 dnsZone 的容器对象中。

在网络中配置 DNS 服务器支持活动目录有以下优点：

① 当在活动目录 domain 中加入新的域控制器时 Zones 的信息会自动复制到新的域控制器中。

② 基于活动目录的 Multi-master 信息更新和安全性的提高。

③ 与标准的 DNS 目录复制相比，现在的目录复制更为快捷有效。

8.2.2　安装 DNS 前的准备

DNS 服务器主要用于 Web 网站域名的解析，为了节约成本，决定把 DNS 服务器安装在域控制器上，与 Web 服务器共用一台服务器。

注意：首先 DNS 地址一定要输入本机服务器 IP 地址（192.168.1.1），不然后面无法正确解析 Web 站点的域名，备用 DNS 地址输入外网电信的 DNS 地址（202.96.128.86）。

8.2.3 安装 DNS 服务器

① 选择"开始"→"设置"→"网络和拨号连接",右击"本地连接",选择"属性"→"Internet 协议(TCP/IP)"→"属性",打开图 8-2 所示对话框。单击选中"使用下面的 IP 地址",在"IP 地址""子网掩码""默认网关"中分别输入地址。单击选中"使用下面的 DNS 服务器地址",在"首选 DNS 服务器""备用 DNS 服务器"中分别输入主要和辅助 DNS 服务器地址。如需配置高级设置,单击"高级"按钮后进行其他 IP 地址或默认网关的设置。

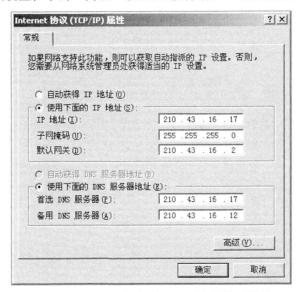

图 8-2 "Internet 协议(TCP/IP)"属性对话框

② 选择"控制面板"中的"添加/删除程序"选项,选择"添加/删除 Windows 组件",弹出图 8-3 所示对话框。

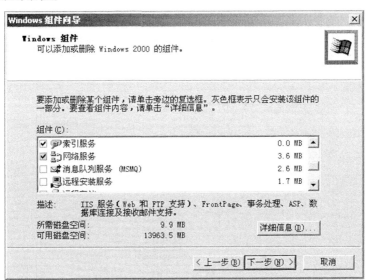

图 8-3 "Windows 组件向导"对话框

③ 选择"网络服务"复选框,并单击"详细信息"按钮,出现图 8-4 所示的"网络服务"对话框。

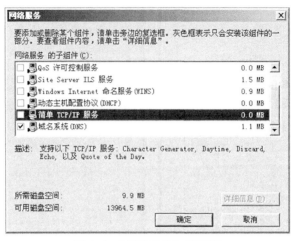

图 8-4 "网络服务"对话框

④ 在"网络服务"对话框中，选择"域名系统（DNS）"复选框，单击"确定"按钮，系统开始自动安装相应服务程序。完成安装后，在"开始"→"程序"→"管理工具"应用程序组中会多一个"DNS"选项，使用它进行 DNS 服务器管理与设置。而且会创建一个 %systemroot%\system32\dns 文件夹，其中存储与 DNS 运行有关的文件，例如：缓存文件、区域文件、启动文件等。

8.3　DNS 服务器的管理与配置

在创建新的区域之前，首先检查一下 DNS 服务器的设置，确认已将"IP 地址""主机名""域"分配给了 DNS 服务器。

8.3.1　在 DNS 服务器上创建区域

检查完 DNS 的设置，按如下步骤创建新的区域：

① 选择"开始"→"程序"→"管理工具"→"DNS"，打开 DNS 管理窗口。

② 选取要创建区域的 DNS 服务器，右击"正向搜索区域"，选择"新建区域"命令，如图 8-5 所示，弹出"欢迎使用新建区域向导"对话框，单击"下一步"按钮。

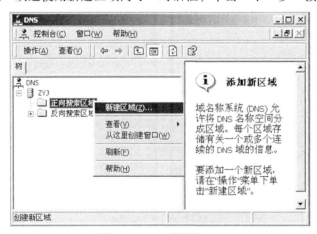

图 8-5　DNS 管理窗口

③ 在弹出的对话框中选择要建立的区域类型，这里选择"标准主要区域"，单击"下一步"按钮，注意，只有在域控制器的 DNS 服务器才可以选择"Active Directory 集成的区域"。

④ 弹出图 8-6 所示的对话框时，输入新建主区域的区域名，例如：asd.zzpi.edu.cn，然后单击"下一步"按钮，文本框中会自动显示默认的区域文件名。如果不接受默认的名字，也可以输入不同的名称。继续单击"下一步"按钮。

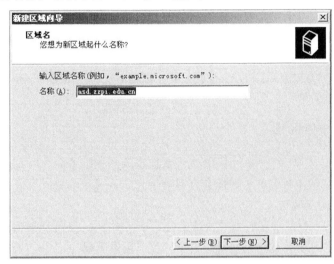

图 8-6 输入区域名称

⑤ 在出现的对话框中单击"完成"按钮，结束区域添加。新创建的主区域显示在所属 DNS 服务器的列表中，且在完成创建后，"DNS 管理器"将为该区域创建一个 SOA 记录，同时也为所属的 DNS 服务器创建一个 NS 或 SOA 记录，并使用所创建的区域文件保存这些资源记录。图 8-7 所示为 DNS 自动添加的资源记录。

图 8-7 DNS 自动添加的资源记录

8.3.2 添加 DNS 记录

创建新的主区域后，"域服务管理器"会自动创建起始机构授权、名称服务器、主机等记录。DNS 数据库还包含其他的资源记录，用户可自行向主区域或域中进行添加。这里先介绍常见的记录类型：

① 起始授权机构：该记录表明 DNS 名称服务器是 DNS 域中的数据表的信息来源，该服务器是主机名字的管理者，创建新区域时，资源记录自动创建，是 DNS 数据库文件中的第一条记录。

② 名称服务器：为 DNS 域标识 DNS 名称服务器，该资源记录出现在所有 DNS 区域中。创建新区域时，资源记录自动创建。

③ 主机地址：资源将主机名映射到 DNS 区域中的一个 IP 地址。

④ 指针：资源记录与主机记录配对，将 IP 地址映射到 DNS 反向区域中的主机名。

⑤ 邮件交换器资源记录：为 DNS 域名指定了邮件交换服务器。在网络中存在 E-mail 服务器，要添加一条 MX 记录对应 E-mail 服务器，以便 DNS 能够解析 E-mail 服务器地址。

⑥ 别名：主机的另一个名字。

8.3.3 添加反向搜索区域

反向区域可以让 DNS 客户端利用 IP 地址反向查询其主机名称。例如客户端可以查询 IP 地址为 210.43.16.17 的主机名称，系统会自动解析为 dns.zzpi.edu.cn。

添加反向区域的步骤如下：

① 选择"开始"→"程序"→"管理工具"→"DNS"，打开 DNS 管理窗口。

② 选取要创建区域的 DNS 服务器，右击"反向搜索区域"，选择"新建区域"命令，弹出"欢迎使用新建区域向导"对话框，单击"下一步"按钮。

③ 在弹出的对话框中选择要建立的区域类型，这里选择"标准主要区域"，单击"下一步"按钮，注意，只有在域控制器的 DNS 服务器才可以选择"Active Directory 集成的区域"。

④ 出现图 8-8"新建区域向导"所示对话框时，直接在"网络 ID"处输入此区域支持的网络 ID，例如：210.43.16，它会自动在"反向搜索区域名称"处设置区域名"16.43.210.in-addr.arpa"。

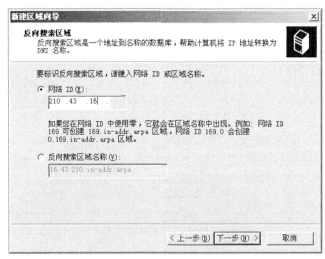

图 8-8　新建反向搜索区域向导

⑤ 单击"下一步"按钮，文本框中会自动显示默认的区域文件名。如果不接受默认的名字，也可以输入不同的名称，单击"下一步"按钮完成。查看图 8-9 所示的新建反向搜索区域窗口，其中的"210.43.16.x Subnet"就是刚才所创建的反向区域。

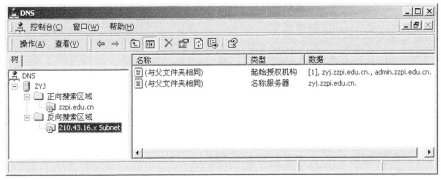

图 8-9　新建反向搜索区域窗口

8.3.4　添加 DNS Domain

在一个区域中用户还可以按地域、职能等划分为多个子域便于管理，如用户可以在 NT2000.com 域中按部门划分为"sale""accounting""mis"等部门。

下面举例说明在 NT2000.com 域中加入 accounting 子域，添加反向查询区域：

1．添加 accounting 子域

① 单击 nt2000.com 后单击"操作"→"新建"，选择域。

② 在域对话框中输入域名。

③ 单击"确定"按钮。

2．添加反向查询区域

反向查询可以让用户利用 IP 地址查询名称。添加反向查询的具体步骤如下：

① 在 DNS 控制台中选择"反向查询区域"，创建"新区域"。

② 启动创建新区域向导，在选择区域类型对话框中选择标准主要区域。

③ 在网络 ID 对话框中输入反向搜索区域的网络标识（假设提供反向查询的 Zone 为 198.188.188），向导会自动输入子网掩码并在文件名对话框中输入的新文件名称中的 256.256.255，188.188.198.in-addr.arpa.dns。

④ 单击"完成"按钮，则在反向搜索区域中添加了一个新区域。

 本章小结

当组建 Intranet 时，若与 Internet 连接，必须安装 DNS 服务器实现域名解析功能，本章主要介绍了 DNS 域名系统的基本概念、域名解析的原理与模式，详细介绍了如何设置与管理 DNS 服务器。

 习　　题

【操作要求】

1. 服务器属性：使用"Active Directory 用户和计算机"查看运行 Windows 2000 主域控

制器的服务器属性。将打开的对话框拷屏，以文件名 8-1-1.gif 保存到考生文件夹。

2. 查看与服务器连接的用户：在"计算机管理"窗口内打开"会话"，然后将打开的窗口拷屏，以文件名 8-1-2.gif 保存到考生文件夹。

3. 查看共享资源：在"计算机管理"窗口内打开"打开文件"，然后将打开的窗口拷屏，以文件名 8-1-3.gif 保存到考生文件夹。

4. 查看打开文件：在"计算机管理"窗口内打开"共享"，然后将打开的窗口拷屏，以文件名 8-1-4.gif 保存到考生文件夹。

5. 设置服务器警报：在"计算机管理"窗口内，输入表 8-1-1 中警报的内容，将设置后的对话框拷屏，以文件名 8-1-5.gif、8-1-6.gif 保存到考生文件夹。

表 8-1-1　设置服务器警报

属　　性	值
名称	硬盘
计数器	PhysicalDisk（Total）\%Disk Time
触发警报	"超过"　　　　"8000"
发送网络信息到	System Overview

6. 新建共享文件夹：在"计算机管理"窗口内打开"创建共享文件夹"对话框，输入表 8-1-2 中共享文件夹的属性，将设置后的对话框拷屏，以文件名 8-1-7.gif、8-1-8.gif 保存到考生文件夹。

表 8-1-2　设置共享文件夹

属　　性	值
共享的文件夹	D:\Tools
共享名	Tools
共享描述	常用工具集
共享权限	所有用户都有完全控制

7. 向用户发送消息：打开"发送控制台消息"对话框，在"消息"框内输入"你好，新世界"，收件人指定为"SONGZHIKUN"，将设置后的对话框拷屏，以文件名 8-1-9.gif 保存到考生文件夹。

8. 管理服务：打开"服务"对话框，选中"Alerter"服务，打开"属性"对话框，在对话框中按表 8-1-3 所示设置，将设置后的对话框拷屏，以文件名 8-1-10.gif、8-1-11.gif 保存到考生文件夹。

表 8-1-3　设置服务属性

属　　性	值
常规	启动类型：自动
登录	登录身份：允许服务与桌面交互

第9章
Windows 2000 服务器资源

Windows 2000 Server 具备单机操作系统所需的功能，也提供多项网络服务功能，能为用户提供所需的各种服务，方便网络上各个计算机有效地共享网络资源。本章主要介绍 Windows 2000 Server 的磁盘管理、磁盘配额管理、远程存储管理，可移动存储管理、文件管理、打印管理等内容。

9.1 磁盘管理

在 Windows 2000 Server 中，系统集成了许多磁盘管理方面的特性和功能。在用户使用磁盘管理程序之前，有必要首先了解一些有关磁盘管理的基础知识以及 Windows 2000 Server 采用的磁盘管理技术。只有清楚了系统中磁盘的各项功能及特性，用户才能更好地对本地磁盘进行管理、设置和维护，这样也才能保证计算机整体性能的快速、安全与稳定。本节将介绍一些磁盘管理的基础知识。

9.1.1 磁盘管理概述

磁盘管理程序是用于管理硬盘、卷或所包含的分区的系统实用工具。利用磁盘管理，可以初始化磁盘、创建卷，使用 FAT、FAT32 或 NTFS 文件系统格式化卷以及创建容错磁盘系统。磁盘管理可以在不需要重新启动系统或中断用户的情况下执行多数与磁盘相关的任务，大多数配置更改将立即生效。

Windows 2000 Server 磁盘管理的主要特性包括：

① 基本磁盘和动态磁盘存储。基本磁盘包含基本卷，例如主磁盘分区和扩展分区中的逻辑驱动器。动态磁盘包含所提供的功能比基本磁盘要多的动态卷，例如在 Windows 2000 Server 家族操作系统上创建容错卷。利用动态存储不用关闭系统或打断用户就可以完成管理任务。例如，不用重新启动系统就可以创建、扩充或监视卷，不用重新启动系统也可以添加新磁盘，多数配置改变几乎可以立即生效。

② 本地和远程磁盘管理。管理员使用 Disk Management 可以管理运行 Windows 2000、Vista 家族操作系统的任何远程计算机。

③ 装入的驱动器。使用 Disk Management 可以在本地 NTFS 卷上的任何空文件夹中连接或装入本地驱动器。装入的驱动器使数据更容易访问，赋予用户基于工作环境和系统使用情况管理数据存储的灵活性。

④ 简化的任务和直观的用户界面。磁盘管理易于使用，菜单显示了在选定对象上执行

的任务、向导引导用户创建分区和卷并初始化或更新磁盘。

9.1.2 Windows 2000 文件系统

Windows 2000 支持 NTFS 文件系统、文件分配表 FAT 和 FAT32。NTFS 是推荐的 Windows 2000 文件系统。如果用户计划从其他操作系统（包含 MS-DOS）上访问这个卷或分区上的文件，必须将该卷或分区格式化为 FAT。如果用户只运行 Windows 2000 并且想使用 NTFS 功能，需选择 NTFS，因为只有使用 NTFS 文件系统，才能实现 Windows 2000 中的全部功能。使用"磁盘管理"将本地驱动器装入本地 NTFS 卷上的任何空文件夹中。装入的驱动器使数据访问变得更加容易，而且不占用驱动器号，可以根据用户的网络环境和系统使用情况，为用户提供灵活的数据存储。

9.1.3 初始化磁盘

磁盘分区是一种划分物理磁盘的方法，以便使每一部分作为单独的单元运行。在基本磁盘上创建分区时，可将磁盘分成一个或多个区域，不同的分区通常具有不同的驱动器号（如 C：和 D：）。一个基本磁盘最多可以创建四个主磁盘分区，或三个主磁盘分区和一个扩展分区。创建一个分区之后，必须对该分区按不同的文件系统（NTFS、FAT）进行格式化，然后才可以在该分区上存储数据。

利用分区，可以将系统文件和应用程序分别安装在不同的分区上。例如，一个管理员可以将系统文件安装在 C 分区，将应用程序文件安装在 D 分区。

9.1.4 磁盘管理控制台

打开"计算机管理"窗口，在"存储"选项中单击"磁盘管理"进入磁盘管理控制台。在磁盘管理控制台的右侧窗格中，分为上、下两个窗口，以不同的格式显示磁盘的有关信息。

通过左侧"底端"窗口，用户可以了解图形视图中所显示内容的意义，如当前计算机安装了几个物理磁盘、各个磁盘的容量大小，以及当前分区的结果与状态。

"顶端"以列表的方式显示了磁盘的属性、状态、类型、容量、空闲等详细信息。

选择"查看"菜单中的"顶端""底端"命令，可设置显示磁盘的方式：磁盘列表、卷列表、图形视图等。

选择"查看"菜单中的"设置"命令，打开"视图设置"对话框，可以调整显示颜色和显示比例等。

9.1.5 磁盘管理器

1．磁盘存储类型的选择

在计算机上添加新的磁盘时，用户需要在创建卷或分区之前初始化磁盘。如果用户要在磁盘上创建简单卷或计划与其他磁盘共享磁盘时，应选择动态存储区。如果用户要在磁盘上创建分区和逻辑驱动器，应选择基本存储区。

2．创建分区或逻辑驱动器

① 打开磁盘管理。

② 右击基本磁盘的未分配区域，在弹出的快捷菜单中选择"创建磁盘分区"命令，或

右击扩展分区中的可用空间，在弹出的快捷菜单中选择"创建逻辑驱动器"命令。

③ 在"欢迎使用创建磁盘分区向导"对话框中，单击"下一步"按钮，单击"主分区"→"扩展分区"→"逻辑驱动器"，然后按照屏幕上的指示操作。

9.1.6 基本磁盘和动态磁盘的特性

"基本磁盘"受 26 个英文字母的限制，也就是说磁盘的盘符只能是 26 个英文字母中的一个。因为 A、B 已经被软驱占用，实际上磁盘可用的盘符只有 C～Z 共 24 个。

"动态磁盘"不受 26 个英文字母的限制，它是用"卷"来命名的。"动态磁盘"的最大优点是可以将磁盘容量扩展到非邻近的磁盘空间。动态磁盘与基本磁盘相比，最大的不同就是不再采用以前的分区方式，而是采用卷集（Volume），包括简单卷、跨区卷、带区卷、镜像卷和 RAID-5 卷。

动态磁盘相比基本磁盘能提供更加灵活的管理和使用特性。用户可以在动态磁盘上实现数据的容错、高速的读/写操作、相对随意地修改卷大小等操作，这些不能在基本磁盘上实现。

一块基本磁盘只能包含 4 个分区，它们是最多 3 个主分区和一个扩展分区，扩展分区可以包含数个逻辑盘。而动态磁盘没有卷数量的限制，只要磁盘空间允许，用户可以在动态磁盘中任意建立卷。

在基本磁盘中，分区是不可跨越磁盘的。而通过使用动态磁盘，可以将数块磁盘中的空余磁盘空间扩展到同一个卷中来增大卷的容量。

基本磁盘的读/写速度由硬件决定，不可能在不额外消费的情况下提升磁盘效率。用户可以在动态磁盘上创建带区卷来同时对多块磁盘进行读/写，显著提升磁盘效率。

基本磁盘不可容错，如果没有及时备份，一旦发生磁盘故障，会有极大的损失。而用户可以在动态磁盘上创建镜像卷，所有内容自动实时被镜像到镜像磁盘中，即使遇到磁盘失败也不必担心数据损失。还可以在动态磁盘上创建带有奇偶校验的带区卷，来保证提高性能的同时为磁盘添加容错性。

总地来讲，动态磁盘在日常的管理、服务器的性能和容错方面都能提供更好的服务。

9.1.7 动态磁盘分区的创建与管理

Windows 操作系统提供了灵活的磁盘管理方式，可以通过将基本磁盘升级为动态磁盘来提高服务器性能或加强容错性。可在同一个计算机系统上使用基本磁盘和动态磁盘，在包含多个磁盘的卷中，只能使用一种类型的磁盘。

1. 基本磁盘升级到动态磁盘

① 右击"我的电脑"图标，在弹出的快捷菜单中选择"管理"命令，打开计算机管理控制台，打开"磁盘管理"界面，右击想升级到动态磁盘的基本磁盘，从弹出的快捷菜单中选择"转换到动态磁盘"命令，如图 9-1 所示。

② 在弹出的"转换为动态磁盘"对话框中，选中要转换的磁盘，单击"确定"按钮，如图 9-2 所示。

③ 在"要转换的磁盘"对话框中，单击"转换"按钮。

④ 在提示对话框中，单击"是"按钮。

可以看到将基本磁盘转换成动态磁盘，分区的内容不会丢失。原系统、启动分区和主分区成为"简单卷"；原扩展分区中的逻辑盘成为"简单卷"，而空余空间成为"未分配的空间"。

图 9-1 选择"转换到动态磁盘"命令

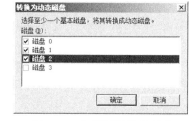

图 9-2 选择要转换的磁盘

注意：

① 如果想升级的磁盘中包含启动、系统分区或使用中的页面文件，则需要重新启动计算机来完成升级过程。

② 在升级之前，建议备份要升级的磁盘中的所有文件，虽然正常的升级过程不会损坏任何文件，但是当转换过程中出现问题时，备份就很有用了。

③ 一旦磁盘被升级成动态磁盘后，如果需要回转成普通磁盘，全部数据将会丢失。

2．将动态磁盘转换为基本磁盘

在将动态磁盘转换为基本磁盘之前，该动态磁盘上绝不能有任何卷，也不能包含任何数据。如果要保存数据，则在转换磁盘之前应备份该磁盘上的数据。

在"磁盘管理"界面中，右击想转换为基本磁盘的磁盘，在弹出的快捷菜单中选择"转换成基本磁盘"命令，如图 9-3 所示，没有卷的磁盘可以转换成基本磁盘。如果动态磁盘有卷，将不能转换成基本磁盘，如图 9-4 所示。

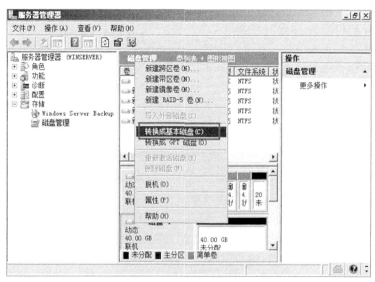

图 9-3 选择"转换成基本磁盘"命令

图 9-4　选项为灰色，不能将动态磁盘转换为基本磁盘

3．简单卷

简单卷是单独的动态磁盘中的一个卷，是动态卷中最基本的单位，它与基本磁盘的分区较相似。当简单卷的空间不够用时，也可以通过扩展卷来扩充其空间，这丝毫不会影响其中的数据，但简单卷的空间必须在同一个物理磁盘上，无法跨越到另一个磁盘。

简单卷可以被格式化为 FAT、FAT32 或 NTFS 文件系统，但是要扩展简单卷，即要动态地扩大简单卷的容量，必须将其格式化为 NTFS 格式。

创建简单卷的方法参考如下：

① 右击"我的电脑"图标，在弹出的快捷菜单中选择"管理"命令，打开计算机管理控制台，在计算机管理中，单击"磁盘管理"。

② 在"磁盘管理"对话框中，右击未分配的空间，在弹出的快捷菜单中选择"创建卷"命令。

③ 在弹出的"欢迎使用创建卷向导"对话框中，单击"下一步"按钮，选择"简单卷"，单击"下一步"按钮。

④ 在"创建卷向导"对话框中根据提示输入相关信息。

对于 NTFS 格式的简单卷，其容量可以扩展（FAT、FAT32 格式不具有该功能）。可以将其他的未分配的空间合并到简单卷中。但这些未分配的空间局限于本磁盘上，若选用了其他磁盘上的空间，则扩展之后就变成了跨区卷。扩展简单卷的方法参考如下：

① 打开"磁盘管理"，右击要扩展的简单卷，在弹出的快捷菜单中选择"扩展卷"命令。

② 打开"扩展卷向导"对话框，单击"下一步"按钮，打开"选择磁盘"对话框，这里可以选择要扩展的空间来自哪个磁盘、设置扩展的磁盘空间大小，单击"下一步"按钮。

③ 弹出"完成卷扩展向导"对话框，单击"完成"按钮。在管理控制台中可以看到磁盘的空间变化。

4．跨区卷

一个跨区卷是一个包含多块磁盘上的空间的卷（最多 32 块），向跨区卷中存储数据信息的顺序是存满第一块磁盘再逐渐向后面的磁盘中存储。通过创建跨区卷，可以将多块物理磁盘中的空余空间分配成同一个卷，有效利用磁盘空间。组成跨区卷的每个空余空间不能包含系统卷与启动卷。与简单卷相同的是，NTFS 格式的跨区卷可以扩展容量，FAT 和 FAT32 格式不具有该功能。跨区卷并不能提高性能或容错。

创建跨区卷的方法参考如下：

① 在"磁盘管理"中，右击几个磁盘中未分配空间的任意一个，在弹出的快捷菜单中选择"创建卷"。

② 打开"创建卷向导"对话框，单击"下一步"按钮，在出现的"选择卷类型"对话框中选择"跨区卷"，单击"下一步"按钮。

③ 在"选择磁盘"对话框中，选择要使用的磁盘，输入分配给该卷的空间，并单击"下一步"按钮。

④ 然后根据屏幕指示设置驱动器号和路径，以及格式化参数。

5．带区卷

带区卷是由 2 个或多个磁盘中的空余空间组成的卷（最多 32 块磁盘），在向带区卷中写入数据时，数据被分割成 64 KB 的数据块，然后同时向阵列中的每一块磁盘写入不同的数据块。这个过程显著提高了磁盘效率和性能，但是，带区卷不提供容错性，也不具有扩展容量的功能。

创建带区卷的方法参考如下：

① 在"磁盘管理"中，右击未分配的空间，在弹出的快捷菜单中选择"创建卷"。

② 打开"创建卷向导"对话框，单击"下一步"按钮，在出现的"选择卷类型"对话框中选择"带区卷"，单击"下一步"按钮。

③ 在"选择磁盘"对话框中，选择要使用的磁盘，输入分配给该卷的空间，单击"下一步"按钮。

注意：选择磁盘时，参与带区卷的空间必须一样大小，并且最大值不能超过最小容量的参与该卷的未分配空间。

④ 根据屏幕指示设置驱动器号和路径，并格式化参数设置。

6．镜像卷

镜像卷可以简单理解为一个带有一份完全相同的副本的简单卷，它需要两块磁盘，一块存储运作中的数据，一块存储完全一样的那份副本。当一块磁盘出现故障时，另一块磁盘可以立即使用，避免了数据丢失。所以，镜像卷提供了容错性，但是它不提供性能的优化。

与跨区卷、带区卷不同的是，镜像卷可以包含系统卷和启动卷。

镜像卷的创建有两种方法：可以用一个简单卷与另一个磁盘中未分配的空间组合，也可以由两个未分配的空间组合。

创建镜像卷的方法参考如下：

① 确保计算机包含两块磁盘，而一块作为另一块的副本。

② 在"磁盘管理"中，右击未分配的空间，在弹出的快捷菜单中选择"创建卷"命令。

③ 打开"创建卷向导"对话框，单击"下一步"按钮，在出现的"选择卷类型"对话框中选择"镜像卷"并单击"下一步"按钮。

④ 在"选择磁盘"对话框中，选择要使用的两块磁盘和输入分配给该卷的空间，并单击"下一步"按钮。

⑤ 根据屏幕指示设置驱动器号和路径，以及格式化参数。

7．RAID5 卷

RAID5 卷是含有奇偶校验值的带区卷，Windows Server 2000 为卷集中的每个磁盘添加一个奇偶校验值，这样在确保了带区卷优越性能的同时，还提供了容错性。RAID5 卷至少包含 3 块磁盘，最多 32 块，阵列中任意一块磁盘失败时，都可以由另两块磁盘中的信息做运算，并将失败磁盘中的数据恢复。

创建 RAID5 卷的方法参考如下：

① 确保计算机包含 3 块或以上磁盘。

② 在"磁盘管理"中，右击未分配的空间，在弹出的快捷菜单中选择"创建卷"。

③ 打开"创建卷向导"对话框，单击"下一步"按钮，在出现的"选择卷类型"对话框中选择"RAID5 卷"，并单击"下一步"按钮。

④ 在"选择磁盘"对话框中，系统默认会以其中容量最小的空间为单位，用户也可以自己设定容量，单击"下一步"按钮。

⑤ 根据屏幕指示设置驱动器号和路径，并格式化参数设置。

如果 RAID5 卷中某一磁盘出现故障时，"磁盘管理"中会出现标记为"丢失"动态磁盘。要恢复 RAID5 卷，可参考以下方法：

① 将故障盘从计算机中拔出，将新磁盘装入计算机，保证连接正确。

② 右击"磁盘管理"，在弹出的快捷菜单中选择"重新扫描磁盘"。

③ 右击"失败的重复"RAID5 卷工作正常的任一成员，在弹出的快捷菜单中选择"修复卷"。在"修复 RAID–5 卷"对话框中选择新磁盘来取代原来的故障磁盘，单击"确定"按钮。

④ 将标记为"丢失"的磁盘删除，RAID5 卷恢复正常。

9.2 磁盘配额管理

在配置了 Windows 2000 Server 的计算机网络中，可以为访问服务器资源的客户机设置磁盘配额，即限制客户机一次性访问服务器资源的卷空间数量。这是为了防止某台客户机过量地占用服务器和网络资源，影响其他客户机访问服务器和使用网络。

9.2.1 磁盘配额的基本概念

1. 两个参数

启动磁盘配额时可以设置两个值：

① "配额限制"：指定用户可以使用的磁盘空间数量。

② "警告等级"：指定用户接近配额限制的点。

2. 磁盘配额与用户的关系

每个用户的磁盘配额是独立的，一个用户的磁盘配额使用情况的变化不会影响其他用户。

磁盘配额以文件所有权为基础，不受卷中用户文件的文件夹位置的限制。例如，用户把文件从一个文件夹移到相同卷上的其他文件夹，则卷空间用量不变。如果用户将文件复制到相同卷上的不同文件夹中，则卷空间用量加倍。

3. 物理磁盘对磁盘配额的影响

磁盘配额只适用于卷，不受卷的文件夹结构及物理磁盘上的布局的限制。

① 如果卷有多个文件夹，则分配给该卷的配额将整个应用于所有文件夹。例如，如果

\\Production\QA 和\\Production\Public 是 F 卷上的共享文件夹，则用户对这两个文件夹的使用不能超过已指派的 F 卷配额。

② 如果单个物理磁盘包含多个卷，并把配额应用到每个卷，则每个卷配额只适于特定的卷。例如，用户共享两个不同的卷，分别是 F 卷和 G 卷，则即使这两个卷在相同的物理磁盘上，也分别对这两个卷的配额进行跟踪。

③ 如果卷跨越多个物理磁盘，卷的相同配额适用于整个跨卷。

4．本地和远程启用磁盘配额

用户可在本地计算机和远程计算机的卷上启用磁盘配额。在本地计算机上，可以使用配额限制登录本地计算机的不同用户可使用的卷空间容量。在远程计算机上，可以使用配额限制远程用户的卷使用情况。

5．磁盘配额的优点

① 保证登录到相同计算机的多个用户之间相互不干扰。

② 保证在公共服务器上的磁盘空间不被一个或更多用户独占。

③ 保证用户不过分使用个人计算机中共享文件夹上的磁盘空间。

9.2.2 磁盘配额的配置

（1）启用磁盘配额的方法参考如下：

① 打开"我的电脑"。

② 右击要启用磁盘配额的磁盘卷，在弹出的快捷菜单中选择"属性"命令。

③ 在打开的"属性"对话框中，单击"配额"选项卡。

④ 在"配额"属性页上，勾选"启用配额管理"复选框，单击"确定"按钮。

⑤ 激活"配额"选项卡中的相关配额设置选项。

（2）通过属性项用户可以执行以下任务：

① 禁用磁盘配额。

② 查看磁盘配额设置。

③ 指派默认配额值。

④ 拒绝超过限制的用户使用磁盘空间。

（3）添加新配额项目：

① 右击要添加新磁盘配额项目的卷，单击"属性"。

② 在"属性"对话框中，单击配额选项卡。

③ 在"配额"属性页上，单击"配额项目"。

④ 在"配额项目"对话框中，单击"配额"菜单上的"新配额项"。

⑤ 在"选择用户"对话框的"搜索范围"列表框中，选择要从中选择用户名的域或工作组的名称。单击"添加"按钮，然后单击"确定"按钮。

⑥ 在"添加新配额项"对话框中，指定下列选项之一，然后单击"确定"按钮。

- 不限制磁盘的使用。

- 不限制磁盘空间而跟踪磁盘空间的使用。

- 限制磁盘空间。激活限制磁盘空间以及设置警告级别的字段。在文本字段中输入一个数值，然后从下拉列表中选择磁盘空间限制单位。输入的值不能超过卷的最大容量。

9.3　远程存储管理

"远程存储"使用户不需要添加更多硬盘就能轻松扩充服务器计算机的磁盘空间。"远程存储"将本地卷上的合格文件自动复制到磁带库。然后"远程存储"监视本地卷上的可用空间。文件数据缓存在本地，以便需要时可以快速访问。当被管理卷上的可用空间量下降到需要的级别以下时，"远程存储"将自动从缓存文件中删除内容，以提供用户需要的磁盘空间。当从文件中删除数据时，文件使用的磁盘空间将减少到零。直到需要更多的磁盘空间时，才删除缓冲文件中的数据。当需要打开数据已经被删除的文件时，数据将自动从远程存储中撤回。

9.3.1　基本概念

"远程存储"作为 Windows 2000 服务器的服务运行，并使用"远程存储"来访问被用于远程存储的库中的可应用磁带。可以从 Microsoft 管理控制台（MMC）管理"远程存储"，使用"远程存储"管理单元执行所有任务。

"远程存储"使用 Windows 2000 的安全性来授予或拒绝对存储管理的访问。只有有管理员权限的用户账户才能管理"远程存储"；有适当权限的用户可以打开"远程存储"所管理的卷中的文件。

① 计算机中尚未安装"远程存储"，执行下列步骤：

a. 打开"控制面板"中的添加/删除程序。

b. 单击"添加/删除 Windows 组件"。

c. 选中"远程存储"复选框，然后单击"下一步"按钮。

d. 当系统询问现在是否想重新启动计算机时，单击"是"按钮。

② 打开"远程存储"。

③ 按照"远程存储安装向导"的指示操作，直至安装完毕。

9.3.2　"远程存储"的基本操作

在"远程存储"可以管理卷之前，必须确认已经使用"可移动存储"将足够多的磁带移动到可用媒体池。

① 判定要"远程存储"管理哪个本地磁盘卷。然后定义要在卷上保留的可用空间大小、将文件复制到远程存储的文件选择标准以及用于远程存储的磁带类型。

②"远程存储"将文件复制到符合条件的远程存储中，将原始数据存储或缓存在本地卷中。

③ 远程存储将对管理卷上的可用空间数量与用户的数量进行比较。如果实际的可用磁盘空间比所需要的小，远程存储将删除本地卷上的数据，将被文件使用的磁盘空间减小到零。

④ 当需要访问文件时，只要按通常方式简单打开本地卷上的文件。"远程存储"自动从远程存储撤回数据，并将数据复制回本地卷。所用的库和磁带类型决定操作所需的时间长度。

当第一次运行 Windows 2000 Server 安装程序时，不默认安装"远程存储"。在 Windows 2000 Server 安装过程中可以设置安装"远程存储"，或者在以后通过控制面板中的"添加/删除程序"来安装。

9.4 可移动存储管理

9.4.1 可移动存储概述

"可移动存储"可以轻松地跟踪可移动存储媒体，并管理硬件库，如更换器和自动光盘机。"可移动存储"标注、分类并跟踪媒体，控制库驱动器、插槽和门，并且提供驱动器清洗操作。"可移动存储"与数据管理程序协同工作。使用数据管理程序可管理存储在媒体上的实际数据。"可移动存储"使多个程序可以共享相同的存储媒体资源，从而减少用户的开销。"可移动存储"提供应用程序需要的数据存储空间。

9.4.2 "可移动存储"组件

"可移动存储"由管理接口，即 Microsoft 管理控制台（MMC）管理单元、带有 API 的 Windows 2000 服务以及数据库组成。"可移动存储"服务通过 API 向数据管理程序提供媒体服务。

可以使用"可移动存储"管理单元执行下列任务：

① 创建媒体池并设置媒体池属性。

② 插入和弹出自动库中的媒体。

③ 执行库的列出清单操作。

④ 为用户设置安全权限。

⑤ 装入媒体。

⑥ 查看媒体和库的运作状态。

9.4.3 设置库

启用或禁用库可以执行下列步骤：

① 打开"可移动存储"。

② 在控制台树中，双击"物理位置"。

③ 右击要启用或禁用的库，选择"属性"命令。

④ 在"常规"选项卡上，确认"启用库"复选框已被选中。要禁用库，清除"启用库"复选框。

9.4.4 设置可移动存储的安全性

1. 更改"可移动存储"的用户权限

① 打开"可移动存储"。

② 在控制台树中，右击要更改其用户权限的特定项目，选择"属性"命令。

③ 在"安全"选项卡中，单击想要更改权限的用户或组的名称，如果更改特定的权限，则选中或清除每个三级访问权限的"允许"或"拒绝"复选框；如果拒绝所有权限，则选择"删除"命令。

2. 添加访问"可移动存储"的用户

① 打开"可移动存储"。

② 在控制台树中，右击要添加访问用户的特定项目，选择"属性"命令。

③ 在"安全"选项卡中，选择"添加"命令。

④ 在"选择用户、计算机或组"对话框的"名称"中，选择适当的用户或组，再单击"添加"按钮，单击"确定"按钮。

⑤ 选择新添加的用户或组的名称，如果更改特定的权限，则选中或清除每个三级访问权限的"允许"或"拒绝"复选框；如果拒绝所有权限，则选择"删除"命令。

9.5 文件管理

9.5.1 共享驱动器或文件夹

计算机中的文件夹可以被网络中的其他计算机共享。可以指定其他人是否更够脱机使用该共享文件夹。

计算机的共享资源包括已经被用户或管理员共享的资源，以及由系统创建的任何特殊的共享资源。

1. 创建驱动器及文件夹共享

① 打开"共享文件夹"。

② 在控制台树中，单击"共享"。

③ 单击"操作"菜单，然后单击"新文件共享"。

④ 按提示选择驱动器、输入新的共享名、共享描述（共享文件夹的说明），单击"下一步"按钮。

⑤ 设置自定义共享和文件夹权限。

2. 停止共享文件夹

① 打开"共享文件夹"。

② 在控制台树中，单击"共享"。

③ 右击要停止共享的文件夹，选择"停止共享"命令。

3. 更改共享文件夹的权限

① 打开"共享文件夹"。

② 在控制台树中，单击"共享"。

③ 右击要为之设置权限的共享文件夹，选择"属性"按钮。

④ 在"共享权限"选项卡中，单击要修改其权限的用户或组的名称，或单击"添加"按钮添加新的用户或组。

⑤ 在"权限"中，对每个权限单击"允许"或"拒绝"。

4. 查看共享、会话或已打开文件列表

在"共享文件夹"窗口中，单击"共享"、"会话"或"打开文件"。列表中显示的是被其他用户打开的文件，而不是用户自己打开的文件。

5. 断开用户

① 打开"共享文件夹"。

② 在控制台树中，单击"会话"。

③ 要断开某个用户，右击该用户名，选择"关闭会话"命令。

④ 选择与所有用户的连接，单击"操作"，再单击"中断全部的会话连接"。

6. 关闭打开的文件或资源

① 打开"共享文件夹"。

② 在控制台树中，单击"打开文件"。

③ 要断开某个打开的文件或资源，右击文件名，选择"将打开的文件关闭"命令。

④ 要断开所有打开的资源，单击"操作"，再单击"中断全部打开的文件"。

9.5.2 使用"资源管理器"设置共享

1. 打开资源管理器

打开"资源管理器"的几种途径：

① 右击"开始"，选择"资源管理器"命令。

② 右击"我的电脑"，选择"资源管理器"命令。

③ 右击桌面上的任一文件夹图标，选择"资源管理器"命令。

④ 单击"开始"→"程序"→"附件"，选择"Windows 资源管理器"。

⑤ 在 Windows 2000 Server 的系统文件夹下，双击"Explorer.exe"。

2. 设置或取消文件夹共享

在"资源管理器"窗口中，右击要设置共享的文件夹，选择"共享"命令，打开属性窗口。

① 设置共享。选取"共享该文件夹"，输入"共享名"及"备注"（用来说明该共享文件夹），单击"确定"按钮。

② 取消共享。选取"不共享该文件夹"，单击"确定"按钮。

③ 修改权限。

a. 选择"用户数限制"。可选择"最多用户"，也可选择"允许×××个用户"。

b. 修改权限。单击"权限"按钮，打开"共享权限"对话框，设置共享权限。

9.5.3 文件系统

1. 分布式文件系统的基本概念

系统管理员可以利用分布式文件系统（DFS），使用户能够访问和管理物理上跨网络分布的文件。通过 DFS，可以使分布在多个服务器上的文件在用户面前显示时，如同位于网络上的一个位置，用户在访问文件时不需要知道和指定它们的实际物理位置。

（1）DFS 类型

通过 DFS 控制台，用户可以按独立的分布式文件系统或基于域的分布式文件系统来实施分布式文件系统。

（2）DFS 体系结构

除了 Windows 2000 中基于服务器的 DFS 组件外，还有基于客户的 DFS 组件。DFS 客户程序可以将对 DFS 根目录或 DFS 链接的引用缓存一段时间，该时间由管理员指定。运行 DFS 客户程序的计算机必须是 DFS 根目录域的成员。DFS 客户组件可以在许多不同 Windows 平台上运行。

通常在以下情形下，用户应该考虑实施 DFS：

① 访问共享文件夹的用户分布在一个站点的多个位置或多个站点上。

② 大多数用户都需要访问多个共享文件夹。

③ 用户需要对共享文件夹的不间断访问。

④ 通过重新分布共享文件夹可以改善服务器的负载平衡状况。

⑤ 用户的组织中有供内部或外部使用的 Web 站点。

2．分布式文件系统的特性

（1）容易访问文件

分布式文件系统使用户可以更容易地访问文件。即使文件可能在物理上跨越多个服务器，用户也只需要转到网络上的某个位置即可访问文件。当更改共享文件夹的物理位置时，不会影响用户访问文件夹。用户不再需要多个驱动器映射来访问文件。计划文件服务器维护、软件升级和其他任务可以在不中断用户访问的情况下完成。通过选择 Web 站点的根目录作为 DFS 根目录，可以在分布式文件系统中移动资源，而不会断开任何 HTML 链接。

（2）可用性

基于域的 DFS 以两种方法确保用户保持对文件的访问：

① Windows 2000 自动将 DFS 拓扑发布到 Active Directory。确保 DFS 拓扑对域中所有服务器上的用户总是可见的。

② 作为管理员，用户可以复制 DFS 根目录和 DFS 共享文件夹。可以在域中的多个服务器上复制 DFS 根目录和 DFS 共享文件夹，即使这些文件驻留的一个物理服务器不可用，用户将仍然可以访问文件。

DFS 根目录可以支持物理上通过网络分布的多个 DFS 共享文件夹。例如，有一个会被大量访问的文件，并非所有的用户都在单个服务器上物理地访问此文件，而且这也会增加服务器的负担，DFS 确保访问文件的用户分布于多个服务器。在用户看来，文件驻留在网络上的相同位置。

9.5.4　创建分布式文件系统的根目录

分布式文件系统（DFS）拓扑由 DFS 根目录、一个或多个 DFS 链接、一个或多个 DFS 共享文件夹，或每个 DFS 所指的副本组成。

要创建一个分布式文件系统的根目录，可以执行以下步骤：

① 打开 DFS 管理器。

② 在"操作"菜单上，单击"新建 DFS 根目录"，单击"下一步"按钮。

③ 单击要创建的 DFS 根目录的类型，在此选择"创建一个域 DFS 根目录"，单击"下一步"按钮。

④ 如果要创建基于域的 DFS 根目录，选择要创建根目录的域名 nt2000.com，单击"下一步"按钮。

⑤ 输入 DFS 根目录的计算机名称，或从可用服务器列表中单击名称"n2k_server.nt2000.com"，单击"下一步"按钮。

⑥ 单击指定要创建的新共享文件夹的路径和名称，单击"下一步"按钮。

⑦ 接受 DFS 根目录的默认名称，或指定新名称，单击"下一步"按钮。

⑧ 单击"完成"按钮，为 nt2000.com 创建了一个新 DFS 根目录。

9.5.5　配置分布式文件系统

1．添加 DFS 根目录共享

① 打开 DFS。

② 在"操作"菜单上，单击"新建根目录共享"。

③ 输入根目录共享的计算机的名称，或单击可用服务器列表中的名称，单击"下一步"按钮。

④ 单击现有共享文件夹或指定要创建的新共享文件夹的路径和名称，单击"下一步"按钮。

⑤ 接受根目录共享的默认名称，或指定新名称，单击"下一步"按钮。

⑥ 单击"完成"按钮，创建新的根目录共享。

2．添加 DFS 链接

① 打开 DFS

② 在控制台目录树中，右击 DFS 根目录，选择"新建 DFS 链接"命令。

④ 在弹出的对话框中，输入新 DFS 链接的名称和路径，或单击"浏览"按钮，从可用共享文件夹的列表中选择。

⑤ 输入注释以进一步标识或描述 DFS 链接。

⑥ 输入期限，单击"确定"按钮。

3．设置复制策略

① 打开 DFS。

② 右击 DFS 根目录或 DFS 链接，选择"复制策略"命令。

③ 在共享文件夹列表中，单击要用作复制主文件夹的 DFS 共享文件夹。

④ 单击列表中的每个共享文件夹，并单击"启用"或"禁用"按钮，再单击"确定"按钮。

注意：一旦设置了复制主文件夹，当以后显示该窗口时，"初始主文件夹"按钮将不再出现。这是因为只会设置一次主文件夹来初始化复制；从那时起，无论何时某个 DFS 共享文件夹中的数据发生更改，DFS 共享文件夹都会相互复制。

9.5.6　NTFS 分区文件安全设置

1．设置用户和组的安全访问权限

① 文件保存在 NTFS 文件系统格式化的分区，可在资源管理器窗口或文件夹窗口中右击要设置安全权限的分区或文件夹，选择"属性"命令，在"属性"对话框中，单击"安全"选项卡，打开对话框。

② 单击"添加"按钮可加入新的用户或组，单击"删除"按钮可删除选中的用户或组。

③ 在"权限"窗格中，选中"允许"下的复选框，所指示的项目被选中，选中"拒绝"复选框，拒绝提供相应的服务。

2．设置用户和组的高级访问权限

① 在资源管理器窗口中右击用户或组，选择"属性"命令，在"属性"对话框中单击"高级"按钮，打开"高级访问控制设置"对话框，在对话框中选择要修改的用户或组的名称，

单击"查看/编辑"按钮打开"权限项目"对话框，对指定用户或组的权限进行详细设置，设置完毕单击"确定"按钮完成修改。

② 在访问控制权限窗口中，单击"添加"按钮，选择添加用户、计算机或组，单击"确定"按钮，可将打开的用户或组添加到高级权限列表中。按①操作，重新设置用户或组对文件夹的访问权限。

③ 在访问控制权限窗口中，单击选择要删除的用户或组，再单击"删除"按钮，可删除选定的用户或组。

3．设置审核项目

① 打开访问控制设置窗口，单击"审核"选项卡打开审核选项。

② 单击"添加"按钮，打开"选择用户、计算机或组"窗口，选择用户或组后，单击"确定"按钮打开"审核项目"窗口。

③ 选中"成功"列的复选框，可对相应操作项目的成功操作进行审核；选中"失败"列的复选框，可对相应操作项目的失败操作进行审核。

④ 选择完成后，单击"确定"按钮，返回"审核"选项卡，单击"确定"按钮将关闭"访问控制设置"窗口。

9.6　打印管理

9.6.1　打印概述

使用 Windows 2000，可以在整个网络上共享打印机资源。不同计算机和操作系统的用户，可以通过 Internet 将打印作业发送到直接连接 Windows 2000 打印服务器的打印机，或者使用内部或外部网卡连接到网络或其他服务器打印机。

9.6.2　计划打印

作为 Windows 2000 Server 环境管理员，首先应检查打印工作量和估计需要的容量，以满足各种条件下的需求。还需建立可简化打印环境的安装、使用和支持的命名约定。

1．为打印机建立命名约定

① 建立命名约定。设置打印机命名标准是被广泛接受的惯例，并在其打印规划的早期阶段就建立该标准。

② 选择打印机名称。Windows 2000 支持使用长打印机名。允许多用户创建包括空格和特殊字符的打印机名。

2．建立打印机位置命名约定

要使用打印机位置跟踪，需要使用下列规则来设置打印机的命名约定：

① 位置名称格式如下：name/name/name/name/...（斜杠/必须是除号）。

② 名称可以由除斜杠（/）之外的任意字符组成。

③ 名称的等级数限制为 256。

④ name 的最大长度是 32 个字符。

⑤ 整个位置名称的最大长度是 260 个字符。

9.6.3 打印系统

对于管理员，Windows 2000 提供了改进的通用网络配置工具。例如，新的标准端口简化了网络上大多数 TCP/IP 打印机的安装。此外，改进的打印机属性页用户界面，使得最终用户和管理员更方便地配置其打印需求。

Windows 2000 通过添加远程端口管理提供改进的远程管理。用户可以从 Windows 2000 计算机上完全远程管理和配置打印机，无须到打印服务器计算机上操作。Windows 2000 打印体系结构与 Internet 集成在一起。对于最终用户，Windows 2000 提供跨 Internet 的打印，打印连接可以通过以下几种方式：

① 可使用统一资源定位符（URL），从 Windows 2000 Server 及 Windows 2000 以上系统连接 Windows 2000 打印服务器。

② 可使用浏览器管理打印机：暂停、继续、删除打印作业，查看打印机和打印作业的状态。

③ 可使用 Web 即点即打功能连接到网络打印机，也可从 Web 站点安装驱动程序。

1．目录服务

默认情况下，Windows 2000 Server 将域中的所有共享打印机作为 Active Directory 中的对象。当发布目录中的共享打印机时，可使用搜索工具快速定位，方便地使用打印资源。例如，可根据特征或位置搜索。

2．标准端口监视器

Windows 2000 Server 的标准端口监视器将打印服务器连接到使用了 TCP/IP 协议的网络接口打印机，取代了用于直接或通过网卡连接到网络 TCP/IP 打印机的 LPRMON，比 LPRMON 快 50%。连接到 UNIX 或 VAX 主机的打印机仍要求有 LPRMON。

3．打印队列监视

可以使用"系统监视器"的新对象 Print Queue 来监视本地或远程打印机的性能。可以为每秒打印的字节数、作业错误以及打印的总页数等性能标准设置计数器。

4．用户设置

Windows 2000 Server 和 Windows 2000 Professional 用户具有更改个人文档默认设置的能力。

5．从应用程序打印

在从应用程序打印时，出现的标准打印对话框是已经得到增强和改进的对话框。现在可以在 Active Directory 中搜索打印机，还可以添加打印机。

9.6.4 打印机的安装与配置

在购买和安装打印机之前，作为 Windows 2000 Server 环境的管理员，首先应检查打印工作量和估计需要的容量，以满足各种条件下的需求。还需建立简化打印环境的安装、使用和支持的命名约定。其次，需确定网络所需的打印服务器的数量，以及分配给每台服务器的打印机的台数。最后，必须确定要购买的打印机、作为打印服务器的计算机、放置打印机的位置以及如何管理打印机的通信。

1．安装并行端口（LPT 口）打印机

① 根据打印机说明书文档，将打印机连接到计算机上适当的端口，并验证打印。

② 打开打印机。双击"添加打印机",启动添加打印机向导,单击"下一步"按钮。

③ 单击"本地打印机",确保选中"自动检测并安装我的即插即用打印机"复选框,单击"下一步"按钮。

④ 根据正在安装的打印机,显示"查找新硬件"消息或"查找新硬件"向导,通知用户已经检测到打印机并且开始安装。

⑤ 选择查找到的设备驱动

⑥ 执行安装,在连接打印机后,启动或重新启动计算机以允许 Windows 2000 自动检测并启动"查找新硬件"向导。

2．安装通用串行总线（USB）或 IEEE 1394 打印机

① Windows 2000 会自动检测并启动"查找新硬件"向导。不需要关闭或重新启动计算机,只需按照屏幕上的说明即可完成安装。

② 将打印机图标添加到"打印机"文件夹。

注意:要添加和设置直接连接到计算机上的打印机,必须以 Administrators 组成员的身份登录。在 Windows 2000 Server 中,默认情况下,添加打印机向导会共享该打印机并在 Active Directory 中发布,在向导的"打印机共享"窗口中选择"不共享此打印机"。在 Windows 2000 Professional 中,添加打印机向导不自动共享打印机,需要选择"共享为"来共享并发布该打印机。

3．添加直接连到网络的打印机

① 打开打印机。

② 双击"添加打印机",启动添加打印机向导,单击"下一步"按钮。

③ 单击"本地打印机",清除"自动检测并安装我的即插即用打印机"复选框,单击"下一步"按钮。

④ 按照窗口上的说明,选择打印机端口、打印机的制造商和型号,输入打印机的名称,完成打印机设置。

⑤ 当添加打印机向导提示用户选择打印机端口时,单击"创建新端口"按钮。

⑥ 从列表中单击合适的端口类型并按照说明进行。

4．配置打印服务器

① 打开打印机。

② 右击要更改设置的打印机,选择"属性"命令。

③ 单击每个可用选项卡,按需要更改选项,如共享打印机、添加和配置端口、计划打印机的可用性、分配权限、指定指派给送纸器的格式。

 本章小结

通过本章的学习,掌握磁盘管理的有关知识、磁盘分区的方法以及基本磁盘与动态磁盘的区别,同时还了解了移动存储及远程存储的有关知识。

计算机网络的重要应用是资源共享与管理,在网络中最重要、最常用的资源共享是计算机磁盘与打印机共享,通过学习,能设置、修改、删除磁盘、文件夹、打印机的共享,了解分布式文件系统 DFS 的应用和在工作中的作用。

习 题

【操作要求】

1. 设置共享资源属性：将文件夹 D:\testuser\user07-01 设为共享，共享名为 user07-01，用户数限制为"最多用户"。将设置后的对话框拷屏，以文件名 9-1-1.gif 保存到考生文件夹。

2. 设置共享资源权限：为共享资源 user07-01 添加组 Users，同时将其权限设置为"更改""读取"。将设置后的对话框拷屏，以文件名 9-1-2.gif 保存到考生文件夹。

3. 设置本地安全权限：为共享资源 user07-01 添加 Users 组，设置为允许"读取及运行""列出文件夹目录""读取"。将设置后的对话框拷屏，以文件名 9-1-3.gif 保存到考生文件夹。

4. 设置本地安全高级属性：设置 User 组的资源访问权限属性设为允许"遍历文件夹/运行文件""列出文件夹/读取权限""读取属性""读取扩展属性""创建文件/写入数据""创建文件夹/附加数据""读取权限"。将设置后的对话框拷屏，以文件名 9-1-4.gif 保存到考生文件夹。

5. 设置本地安全审核：设置 Users 组的访问资源时的审核项目如表 9-1-1。将设置后的对话框拷屏，以文件名 9-1-5.gif 保存到考生文件夹。

表 9-1-1　新建磁盘分区属性

属　　性	值
组	User
遍历文件夹/运行文件	成功，失败
列出文件夹/读取权限	成功
创建文件/写入数据	成功
创建文件夹/附加数据	成功，失败
读取权限	成功

6. 创建磁盘分区：在"磁盘管理"中选定"可用空间"，使用创建磁盘分区向导，设置分区大小为"最大磁盘空间"，设置指派驱动器号和路径为 D:\testuser\user07-01；格式化分区设置为"不要格式化这个磁盘分区"。将设置后的对话框拷屏，以文件名 9-1-6.gif、9-1-7.gif 保存到考生文件夹。

7. 安装和共享打印机：启动安装打印机向导，设置打印机共享为 HPLaserJ.2，位置为 Server，注释为 ServerPeak，完成打印机安装。将设置后的对话框拷屏，以文件名 9-1-8.gif、9-1-9.gif 保存到考生文件夹。

8. 磁盘配额管理：在磁盘属性的"配额"选项卡中，按表 9-1-2 中的值设定磁盘配额的各属性值。将设置后的对话框拷屏，以文件名 9-1-10.gif 保存到考生文件夹。

表 9-1-2　磁盘配额管理属性

属　　性	值
启用配额管理	选中
拒绝将磁盘空间给超过配额限制的用户	选中
将磁盘空间限制为	1 MB
将警告等级设定为	100 KB
用户超过配额限制时记录事件	选中
用户超过警告等级时记录事件	未选中

第10章
Windows 2000 网络服务功能

Windows 2000 作为网络操作系统，为用户提供了一套完整而强大的网络解决方案。整个网络体系不同组件之间紧密结合，继承了 Windows 体系一贯的方便管理的特点，所有设置均可以在图形化界面下完成。

10.1 TCP/IP 服务

10.1.1 Windows 2000 TCP/IP 概述

Windows 2000 TCP/IP 是基于工业标准网络协议的网络软件，是用于 Windows 计算机和不同系统进行连接并共享信息的核心技术和实用程序。支持 Windows 计算机与局域网和广义网环境连接的可选择路由的企业网络协议，访问全局 Internet 服务。Windows 2000 TCP/IP 是强健的、可缩放的、跨平台的客户/服务器框架。

Windows 2000 TCP/IP 提供基本的 TCP/IP 实用程序，让运行 Windows 2000 的计算机与其他 Microsoft 和非 Microsoft 系统连接并共享信息，包括：Internet 主机、UNIX 系统、Apple Macintosh 系统、开放式 VMS 系统、IBM 大型机、Microsoft Windows 95、Microsoft Windows 98、Microsoft WindowsNT 和 Windows 2000、Microsoft Windows for Workgroups、Microsoft LAN Manager、网络打印机。

10.1.2 Windows 2000 TCP/IP 实用程序

Windows 2000 基于 TCP/IP 的实验程序包括 3 种类型：
① 连接实用程序，用于交互和使用 Microsoft 和非 Microsoft 主机上的资源。
② TCP/IP 服务器软件，向 Windows 2000 上基于 TCP/IP 的客户机提供打印和发布服务。
③ 诊断实用程序，用于检测和解决网络问题。

10.1.3 Windows 2000 新增的 TCP/IP 功能

Windows 2000 的 TCP/IP 功能包括单个子网的配置、在高带宽的网络中优化 TCP 性能等。这些功能包括：自动专用地址配置、更好的往返时间估计、ICMP 路由器发现、DNS 缓存、选择性确认、大 TCP 窗口、禁用 TCP/IP 上的 NetBIOS。

10.1.4　Windows 2000 TCP/IP 的安全功能

Windows 2000 TCP/IP 合并了网络上发送 TCP/IP 数据时保护和处理各本地主机通信配置的安全功能。网际协议安全是一组标准，使用加密安全服务提供：身份验证、数据完整性和机密。

10.2　WINS 服务

在默认状态中，网络上的每一台计算机的 NetBIOS 名字是通过广播的方式来提供更新的，也就是说，假如网络上有 n 台计算机，那么每一台计算机就要广播 n-1 次，对于小型网络来说，这似乎并不影响网络交通，但是对于大型网络来说，会大大加重网络的负担。因此 WINS 对大中型企业来说尤其重要。

10.2.1　WINS 定义

WINS，全称 Windows Internet Name Service，即微软开发的域名服务，为注册和查询网络上计算机和用户组 NetBIOS 名称的动态映射提供分布式数据库。

1．WINS 服务的基本概念

在 TCP/IP 网络中，为解决计算机名称与 IP 地址的对应问题，用户可以利用 HOST 文件、DNS 等方式，使用这些方法都存在着一个最大的问题：网络管理员需要以手工方式将计算机名称（NetBIOS 名）及其 IP 地址一一输入到计算机中，一旦某台计算机的名称或 IP 地址发生变化，管理员又需要修改相应的设置。这对于管理员来说是一项繁重的工作。而微软提供的网际名称服务 WINS 解决了这个问题。利用它可以让客户机在启动时主动将它的计算机名称（NetBIOS 名）及 IP 地址注册到 WINS 服务器的数据库中，在 WINS 客户机之间通信时，它们可以通过 WINS 服务器的解析功能获得对方的 IP 地址。由于以上工作全部由 WINS 客户机与服务器自动完成，所以降低了管理员的工作负荷，也减少了网络中的广播。

2．定义计算机名（NetBIOS 名）

NetBIOS 是 20 世纪 80 年代末为了利用 IBM PC 构建局域网而出现的一种 MS-DOS 程序的高级语言接口。为了利用网络硬件和软件将这些计算机连接在一起组成局域网，微软和其他供应商利用 NetBIOS 接口来设计它们的网络组件和程序。

NetBIOS 接口利用最多为 16 个字符的名称来标识每一个网络资源。

前 15 个字节是由用户指定的，用它来表示：

① 网络上的单个用户或计算机。

② 网络上的一组用户或计算机。

在 NetBIOS 名中的第 16 个字符作为名称的扩展名，用于识别名称及显示注册名称的信息。NetBIOS 名可以被设置为独立名称或组名称。

在一个网络中，NetBIOS 名是唯一的。在计算机启动、服务被激活、用户登录到网络时，NetBIOS 名将被动态地注册到数据库中。NetBIOS 可以用独立名称的形式注册，也可以用组名称的形式注册。以独立名注册时要有一个 IP 地址相对应，如用组名称注册时会有多个 IP 地址与其对应。在使用独立名称时，将网络信息发送给一台计算机，使用组名称时，将网络信息同时发送给多台计算机。

3．WINS 的工作机制

WINS 为注册及查询计算机和组的动态映射 NetBIOS 名提供了一个分布式数据库，WINS 在 NetBIOS 名与 IP 地址之间建立映射时，基于 TCP/IP 网络中 NetBIOS 名解析的最佳选择。

WINS 服务器为客户端提供名字注册、更新、释放和解析服务，这四个基本服务的工作原理大致是这样的：

（1）名字注册

名字注册就是客户机从 WINS 服务器获得信息的过程，在 WINS 服务中，名字注册是动态的。在 WINS 客户机启动时它将计算机名、IP 地址、DNS 域名等数据注册到 WINS 服务器的数据库中。如果 WINS 服务器正在运行，并且没有其他客户计算机注册了相同的名字，服务器会返回一个成功注册的消息（包括了名字注册的存活期——TTL）。与 IP 地址一样，每个计算机都要求有唯一的计算机名，否则就无法通信。如果名字已经被其他计算机注册了，WINS 服务将会验证该名字是否正在使用。如果该名字正在使用则注册失败，否则就可以继续注册。

（2）名字更新

因为客户端被分配了一个 TTL(存活期)，所以它的注册也有一定的期限，过了这个期限，WINS 服务器将从数据库中删除这个名字的注册信息。

（3）名字释放

在客户端的正常关机过程中，WINS 客户端向 WINS 服务器发送一个名字释放的请求，以请求释放其映射在 WINS 服务器数据库中的 IP 地址和 NetBIOS 名字。收到释放请求后，WINS 服务器验证在它的数据库中是否有该 IP 地址和 NetBIOS 名，如果有就可以正常释放了，否则就会出现错误（WINS 服务器向 WINS 客户端发送一个负响应）。

（4）名字解析

如果客户端在许多网络操作中需要 WINS 服务器解析名字，例如当使用网络上其他计算机的共享文件时，为了得到共享文件，用户需要指定两件事：系统名和共享名，而系统名就需要转换成 IP 地址。

4．WINS 客户机与服务器的通信目的

WINS 客户机和服务器的通信目的简单来说可以概括为：

① 在 WINS 客户机启动时，它将计算机名、IP 地址、DNS 域名等数据注册到 WINS 服务器的数据库中。

② 当客户机需要与其他客户机通信时，从 WINS 服务器取得所需的计算机名称、IP 地址、DNS 域名。

10.2.2 安装 WINS 服务器

① 启动"开始"→"设置"→"控制面板"→"添加/删除程序"，弹出"添加/删除程序"对话框。

② 单击"添加/删除 Windows 组件"→"组件"，弹出"Windows 组件向导"对话框，单击"下一步"按钮，弹出"Windows 组件"对话框，从列表中选择"网络服务"。

③ 单击"详细内容"，从列表中选取"Windows Internet 命名访问（WINS）"，单击"确定"

按钮。

④ 单击"下一步"按钮，输入到 Windows 2000 Server 的安装源文件的路径，单击"确定"按钮开始安装 WINS 服务。

⑤ 单击"完成"按钮，返回到"添加/删除程序"对话框后，单击"关闭"按钮。

安装完毕后在管理工具中多了一个"WINS"控制台。

10.2.3　启动和停止 WINS 服务

启动"计算机管理"，单击"系统工具"，选择"服务"选项，在右侧窗口中右击"Windows Internet 命名服务"，选择"启动/停止"命令。

用户也可以利用如下命令完成上述操作：

- net start wins
- net stop wins
- net pause wins
- net continue wins

10.2.4　在 WINS 控制台树中添加 WINS 服务器

启动"WINS 控制台"，单击"WINS"→"操作"，选择"添加服务器"选项，在"添加服务器"对话框中填写服务器名或 IP 地址，单击"确定"按钮。这样在 WINS 管理控制台树中添加了一台 WINS 服务器。

用户可以看到在添加的服务器中包含两个组件：活动注册、复制伙伴。

10.3　DHCP 服务

在大型网络中，需要将各种地址（IP 地址、子网掩码、网关、DNS 地址、WINS 服务器地址等）及其相关参数分配给各个工作站。这项工作十分繁重，并且容易出现错误。使用 DHCP 服务器可以为网络中工作站自动分配。

10.3.1　DHCP 简介

DHCP（Dynamic Host Configuration Protocol，动态主机配置协议）是一个简化主机 IP 地址分配管理的 ICP/IP 标准协议。DHCP 标准为 DHCP 服务器的使用提供了一种有效的方法，即管理 IP 地址的动态分配以及网络上启用 DHCP 客户机的其他相关配置信息。网络管理员可以利用 DHCP 服务器动态地为客户端分配 IP 地址及其他相关的环境配置工作。

1．DHCP 服务的优点

TCP/IP 网络上的每台计算机都必须有唯一的 IP 地址。IP 地址（以及与之相关的子网掩码）可以标识主机及其连接的子网。如果将计算机移动到不同的子网，则必须更改 IP 地址。DHCP 允许用户通过本地网络上的 DHCP 服务器的 IP 地址数据库为客户端动态指派 IP 地址。

DHCP 服务分配的地址信息主要包括：①网卡的 IP 地址、子网掩码；②对应的网络地址；③默认网关地址；④DNS 服务器地址；⑤引导文件、TFTP 服务器地址。

作为优秀的 IP 地址管理工具，DHCP 具有以下优点：

DHCP 避免了由于需要手动在每个计算机上输入值而引起的配置错误。DHCP 有助于防止由于在网络上配置新的计算机时重用以前指派的 IP 地址而引起的地址冲突。

（2）减少配置管理

使用 DHCP 服务器可以大大降低用于配置和重新配置网上计算机的时间。可以配置服务器以便在指派地址租约时提供其他配置值的全部范围。这些值是使用 DHCP 选项指派的。

（3）节约 IP 地址资源。

在 DHCP 系统中，只有当 DHCP 客户端请求时才由 DHCP 服务器提供 IP 地址，而当计算机关机后，又会自动释放该地址。通常情况下，网络内的计算机并不都是同时开机，因此，较少的 IP 地址也能够满足较多计算机的需求。

2．作用域

作用域是网络上可用的 IP 地址的完整联系范围，又称为 IP 地址段或 IP 地址范围。DHCP 以作用域为基本管理单位向客户端提供 IP 地址分配服务。作用域又称领域，就是网络中可管理的 IP 地址分组，管理对客户端 IP 地址及任何相关配置参数的分发和指派。

3．超级作用域

超级作用域是作为单一实体来管理的作用域集合，也就是说，当 DHCP 服务器上有多个作用域时，可以组成超级作用域。超级作用域用来实现对同一个物理子网中包含多个逻辑 IP 子网。在超级作用域中只包含可同时激活的成员作用域或子作用域的列表。但是超级作用域并不同于设置具体的范围。如果想配置超级作用域内使用的多数属性，用户需要单独配置成员作用域或子作用域属性。

10.3.2　安装 DHCP 服务器

① 在控制面板中，单击"添加/删除 Windows 组件"，打开"Windows 组件向导"。
② 在"组件"下，滚动列表并选择"网络服务"，单击"详细信息"选项。
③ 在"网络服务的子组件"下，选择"动态主机配置协议（DHCP）"，单击"确定"按钮。

10.4　虚拟专用网络（VPN）

虚拟网络建立在交换技术的基础上。如果将局域网上的结点按工作性质与需要划分成若干个"逻辑工作组"，则一个逻辑工作组就是一个虚拟网络。

10.4.1　虚拟专用网络定义

VPN（Virtual Private Network，虚拟专用网络）是跨专用网络或公用网络的点对点连接，它包含了类似 Internet 的共享或公共网络连接。通过 VPN 可以以模拟点对点专用连接的方式通过共享或公共网络在两台计算机之间发送数据。虚拟专用联网是创建和配置虚拟专用网络的行为。

要模拟点对点链路，应压缩或包装数据，并加上一个提供路由信息的报头，报头使数据能够通过共享或公用网络到达其终点。要模拟专用链路，为保密起见应加密数据。不用密钥，从共享或者公共网络截取的数据包是很难解密的。封装和加密专用数据的连接是虚拟专用网络（VPN）连接。

通过远程访问和路由连接，组织可以使用 VPN 连接将长途拨号或租用线路转换成本地拨号或者 Internet 服务提供者（ISP）外租用线路。

在 Windows 2000 中有两种类型的 VPN 技术：

1．点对点隧道协议（PPTP）

对于数据加密，PPTP 使用用户级的点到点协议（PPP）身份验证方法及 Microsoft 点到点加密（MPPE）。

2．带有 IP 协议安全（IPSec）的第二层隧道协议（L2TP）

L2TP 使用用户级 PPP 身份验证方法和带有 IPSec 数据加密的机器级证书。

10.4.2 虚拟专用网络组件

Windows 2000 VPN 的连接包括下列组件（见图 10-1）。

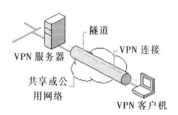

图 10-1 虚拟专用网络的组成

1．VPN 服务器

接受 VPN 客户 VPN 连接的计算机。

2．VPN 客户机

将 VPN 连接初始化为 VPN 服务器的计算机。VPN 客户机可能是一台单独的计算机，也可能是路由器。

3．隧道

连接中封装数据的部分。

4．VPN 连接

连接中加密数据的部分。对典型的安全 VPN 连接，数据沿连接的相同部分进行加密和压缩。

5．隧道协议

用来管理隧道及压缩专用数据的协议。要成为 VPN 连接，隧道传输的数据也必须加密。Windows 2000 包括 PPTP 和 L2TP 信道协议。

10.4.3 隧道技术

简单地说，隧道技术是利用一种协议来传输另一种协议的技术。其传输过程可以分为以下 3 步：

① 将要传输的数据包（帧）按照隧道协议进行封装，被封装的数据（或负载）可以是不同协议的数据帧或包。

② 新的包头提供了路由信息，从而使封装的负载数据能通过 Internet 来传递。所谓"隧道"就是指被封装的数据包在网络上传递时所经过的逻辑路径。对于 Windows 2000，传输互联网络通常是 IP 网络。

③ 被封装的数据包一旦到达网络终点，数据包将解包并送达主机。

10.4.4　VPN 服务器的通用配置

下面简单举例说明如何配置 VPN 服务器（见图 10-2）。

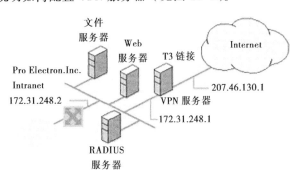

图 10-2　Electronic, Inc. VPN 服务器的网络配置示意图

假设要为 Electronic, Inc. 部署 VPN，网络管理员将进行分析并作出相关的设计决定：网络配置→远程访问策略配置→域配置→安全配置。

Electronic, Inc. intranet 使用带有 255.240.0.0 子网掩码的 172.16.0.0 和带有 255.255.0.0 子网掩码的 192.168.0.0 的专用网络。企业校园网段使用子网 172.16.0.0，而分支办公室使用子网 192.168.0.0。

VPN 服务器计算机使用 T3（也叫 DS-3）专用 WAN 链接可以直接连接到 Internet。

Internet 上 WAN 适配器的 IP 地址是 207.46.130.1，由 Electronic, Inc.公司的 Internet 服务提供商（ISP）分配。WAN 适配器的 IP 地址是指 Internet 上域名为 vpn.electronic.nt2000.com 的地址。VPN 服务器计算机直接与 Intranet 网段连接，此网段包含 RADIUS 服务器、商业伙伴访问的文件和 Web 服务器以及连接到 Electronic, Inc. 公司企业园的 Intranet。

其余部分的路由器。Intranet 网络节段的 IP 网络 ID 是 172.31.0.0，子网掩码是 255.255.0.0。使用 IP 地址静态池配置 VPN 服务器计算机以分配远程访问客户端和呼叫路由器。

根据 Electronic, Inc. 的企业校园 Intranet 网络配置，VPN 服务器计算机进行如下配置。

1．在 VPN 服务器中安装硬件

根据适配器制造商的说明，将安装用于连接 Intranet 段的网卡和连接 Internet 的 WAN 适配器。安装并运行驱动程序后，则适配器将作为本地连接显示在 Network 和 Dial-up Connections 文件夹中。

2．配置 LAN 和 WAN 适配器上的 TCP/IP

对于 LAN 适配器，配置子网掩码为 255.255.0.0 的 IP 地址 172.31.0.1。对 WAN 适配器，配置子网掩码为 255.255.255.255 的 IP 地址 207.46.130.1。对于每个适配器来说，不配置默认网关。DNS 和 WINS 服务器地址也同时被配置。

3．安装路由和远程访问服务

运行"路由选择和远程访问安装"向导。在向导内启用远程访问和 LAN 及 WAN 路由，

所有端口都可以进行路由和远程访问，并且 L2TP 连接需要 IPSec 加密。

在向导内将配置 IP 地址从 172.31.255.1 到 172.31.255.254 的静态 IP 地址池。这将创建最多 253 个 VPN 客户端的静态地址池。

4．启用 EAP 身份验证方法

如果允许使用基于智能卡的远程访问 VPN 客户和基于证书的呼叫路由器，网络管理员应该启用 VPN 上的"可扩展身份验证协议"。

5．配置静态路由以访问 Intranet 和 Internet 站点

要到达 Intranet 位置，请用以下设置配置静态路由：

① 接口：连接到 Intranet 的 LAN 适配器。

② 目标：172.16.0.0。

③ 子网掩码：255.240.0.0。

④ 网关：172.31.0.2。

⑤ 跃点数：1。

要到达 Internet 位置，请用以下设置配置静态路由：

① 接口：WAN 适配器与 Internet 连接。

② 目标：0.0.0.0。

③ 子网掩码：0.0.0.0。

10.5 网际协议安全（IPSec）

IPSec VPN 是目前 VPN 技术中点击率非常高的一种技术，同时提供 VPN 和信息加密两项技术。

10.5.1 网际协议安全的定义

IPSec（Internet Protocol Security，网际协议安全）作为安全网络的长期方向，是基于密码学的保护服务和安全协议的套件。它不需要更改应用程序或协议，可以轻松地给现有网络部署 IPSec。

IPSec 是一种由 IETF 设计的端到端的确保 IP 层通信安全的机制。它不是一个单独的协议，而是一组协议，这一点对于认识 IPSec 是很重要的。IPSec 协议的定义文件包括了 12 个 RFC 文件和几十个 Internet 草案，已经成为工业标准的网络安全协议。

IPSec 对使用 L2TP 协议的 VPN 连接提供机器级身份验证和数据加密。在保护密码和数据的 L2TP 连接建立之前，IPSec 在计算机及其远程隧道服务器之间进行协商。

10.5.2 网际协议安全的功能

1．作为一个隧道协议实现了 VPN 通信

IPSec 作为第三层的隧道协议，可以在 IP 层上创建一个安全的隧道，使两个异地的私有网络连接起来，或使公网上的计算机访问远程的企业私有网络。

2．保证数据来源可靠

在 IPSec 通信之前双方要先用 IKE 认证对方身份并协商密钥，只有 IKE 协商成功后才能

通信。由于第三方不可能知道验证和加密的算法及相关密钥，因此无法冒充发送方，即使冒充，也会被接收方检测出来。

3．保证数据完整性

IPSec 通过验证算法功能保证从发送方到接收方的传送过程中的任何数据篡改和丢失都可以被检测。

4．保证数据机密性

IPSec 通过加密算法使只有真正的接收方才能获取真正的发送内容，而其他人无法获知数据的真正内容。

10.5.3　网际协议安全的体系结构

IPSec 是一个框架性架构，包含了 3 个最重要的协议：AH、ESP 和 IKE（见图 10-3）。

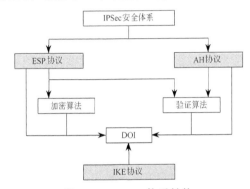

图 10-3　IPSec 体系结构

① AH（Authentication Header）为 IP 数据包提供如下 3 种服务：无连接的数据完整性验证、数据源身份认证和防重放攻击。数据完整性验证通过哈希函数（如 MD5）产生的校验来保证；数据源身份认证通过在计算验证码时加入一个共享密钥来实现；AH 报头中的序列号可以防止重放攻击。

② ESP（Encapsulated Security Payload）除了为 IP 数据包提供 AH 已有的 3 种服务外，还提供另外两种服务：数据包加密、数据流加密。加密是 ESP 的基本功能，而数据源身份认证、数据完整性验证以及防重放攻击都是可选的。数据包加密是指对一个 IP 包进行加密，可以是对整个 IP 包，也可以只加密 IP 包的载荷部分，一般用于客户端计算机；数据流加密一般用于支持 IPSec 的路由器，源端路由器并不关心 IP 包的内容，对整个 IP 包进行加密后传输，目的端路由器将该包解密后将原始包继续转发。

AH 和 ESP 可以单独使用，也可以嵌套使用。通过这些组合方式，可以在两台主机、两台安全网关，或者主机与安全网关之间使用。

③ IKE（Internet Security Association and Key）协议负责密钥管理，定义了通信实体间进行身份认证、协商加密算法及生成共享的会话密钥的方法。IKE 将密钥协商的结果保留在安全联盟（SA）中，供 AH 和 ESP 以后通信时使用。

解释域（DOI）为使用 IKE 进行协商 SA 的协议统一分配标识符。共享一个 DOI 的协议从一个共同的命名空间中选择安全协议和变换、共享密码及交换协议的标识符等，DOI 将 IPSec 的这些 RFC 文档联系到一起。

10.6 其他协议

10.6.1 IPX/SPX 协议

IPX（互联网络数据包交换）是一个专用的协议簇，它主要由 Novell NetWare 操作系统使用。IPX 是 IPX 协议簇中的第三层协议。SPX（序列分组交换协议）是 Novell 传输层协议，为 Novell NetWare 网络提供分组发送服务，共同对应于用于 TCP/IP 协议组的网际协议（IP）和传输控制协议（TCP）。在局域网中用得比较多的网络协议是 IPX/SPX。

10.6.2 PPTP 协议

点对点隧道协议（PPTP）是一种支持多协议虚拟专用网络的网络技术，工作在第二层。通过该协议，远程用户能够通过 Microsoft Windows NT 工作站、Windows XP、Windows 2000 和 Windows 2003、Windows 7 操作系统以及其他装有点对点协议的系统安全访问公司网络，并能拨号连入本地 ISP，通过 Internet 安全链接到公司网络。

PPTP 协议假定在 PPTP 客户机和 PPTP 服务器之间有连通并且可用的 IP 网络。如果 PPTP 客户机本身已经是 IP 网络的组成部分，即可通过该 IP 网络与 PPTP 服务器取得连接；而如果 PPTP 客户机尚未连入网络，如在 Internet 拨号用户的情形下，PPTP 客户机必须首先拨打 NAS 以建立 IP 连接。这里所说的 PPTP 客户机也就是使用 PPTP 协议的 VPN 客户机，而 PPTP 服务器亦即使用 PPTP 协议的 VPN 服务器。

PPTP 只能通过 PAC 和 PNS 来实施，其他系统没有必要知道 PPTP。拨号网络可与 PAC 相连接而无须知道 PPTP。标准的 PPP 客户机软件可继续在隧道 PPP 链接上操作。

10.6.3 L2TP 协议

第二层隧道协议（L2TP）是一种支持多协议虚拟专用网络（VPN）的联网技术，允许远程用户通过 Internet 安全地访问企业网络。

L2TP 是一种工业标准的 Internet 隧道协议，功能大致和 PPTP 协议类似，如同样可以对网络数据流进行加密。不过也有不同之处，如 PPTP 要求网络为 IP 网络，L2TP 要求面向数据包的点对点连接；PPTP 使用单一隧道，L2TP 使用多隧道；L2TP 提供包头压缩、隧道验证，而 PPTP 不支持。

在 VPN 连接中要设置 L2TP 连接，方法同 PPTP VPN 设置，同样是在 VPN 连接属性窗口的"网络"选项卡中，将 VPN 类型设置为"L2TP IPSec VPN"即可。

第二层隧道协议（L2TP）是用来整合多协议拨号服务至现有的因特网服务提供商。PPP 定义了多协议跨越第二层点对点链接的封装机制。特别地，用户通过使用众多技术之一（如：拨号 POTS、ISDN、ADSL 等）获得第二层连接到网络访问服务器（NAS），然后在此连接上运行 PPP。在这样的配置中，第二层终端点和 PPP 会话终点处于相同的物理设备中（如：NAS）。

10.6.4 RADIUS 协议

RADIUS（Remote Authentication Dial In User Service，远程用户拨号认证系统）由 RFC2865、

RFC2866 定义，是目前应用最广泛的 AAA 协议。AAA 是一种管理框架，它可以用多种协议来实现。在实践中，人们最常使用远程访问拨号用户服务来实现 AAA。

RADIUS 是一种 C/S 结构的协议，它的客户端最初就是 NAS 服务器，任何运行 RADIUS 客户端软件的计算机都可以成为 RADIUS 的客户端。RADIUS 协议认证机制灵活，可以采用 PAP、CHAP 或 UNIX 登录认证等多种方式。RADIUS 是一种可扩展的协议，它进行的全部工作都是基于 Attribute-Length-Value 向量的。RADIUS 也支持厂商扩充厂家专有属性。

10.7 域安全策略设置

10.7.1 管理安全设置

安全策略设置应该用作总体安全实现的一部分来帮助安全的域控制器、服务器、客户端计算机和组织中的其他资源。

用户可以在一台计算机或多台计算机上配置安全策略，旨在保护计算机或网络上的资源配置的规则。本地组策略编辑器管理单元的安全设置扩展，允许用户定义作为一部分的组策略对象的安全配置。将组策略对象链接到站点、域和组织单位等，使管理员能够将任何计算机加入到域中管理多台计算机的安全设置。

安全设置可以控制：

① 网络或计算机的用户身份验证。

② 允许用户访问的资源。

③ 是否在事件日志中记录用户或组的操作。

④ 在组中的成员。

10.7.2 设置安全信息本地安全策略

本地安全策略，是指对登录到计算机上的账号定义一些安全设置，在没有活动目录集中管理的情况下，本地管理员必须为计算机进行设置以确保安全。如：限制用户如何设置密码、通过账户策略设置账户安全性、通过锁定账户策略避免他人登录计算机、指派用户权限等。这些安全设置分组管理，就组成了本地安全策略。

1. 账户策略

在 Windows 操作系统中，账户策略包含三个子集：

① 密码策略：对于域或本地用户账户，决定密码的设置，如强制性和期限。

② 账户锁定策略：对于域或本地用户账户，决定系统锁定账户的时间及锁定账户。

③ Kerberos 策略：对于域用户账户，决定与 Kerberos 有关的设置，如账户有效期和强制性。

账户策略在计算机上定义，却影响用户账户与计算机或域交互作用的方式。对于域账户，账户策略必须在默认域策略、组策略对象（GPO），或在新建 GPO 中定义，这是由构成域的域控制器强制执行的。包含账户策略设置的多个 GPO 链接在同一域级别，则域的账户策略由所有来自该域链接的 GPO 的累计策略设置组成。

域控制器将始终从链接到域的 GPO 获得账户策略。若对包含域控制器的组织单位（OU）应用了其他账户策略，该行为依然发生。默认情况下，加入到域中的工作站和服务器会接收到相同的账户策略，用于其本地账户。通过为这些成员计算机所在的组织单位定义账户策略，可以使成员计算机的本地账户策略不同于域账户策略。

2．本地策略

本地策略基于已登录的计算机以及在本计算机上的权限，包括：

① 审核策略：决定在安全日志中记录登录用户的操作事件。

② 用户权限分配：决定在计算机上有登录或任务特权的用户或组，比如关闭系统、更改系统时间、拒绝本地登录、允许在本地登录等。

③ 安全选项：控制一些和操作系统安全相关的设置，比如设置用户在登录前必须先阅读学校机房使用计算机的注意事项、设置 Administrator 和 Guest 的账户名等。

3．文件系统、注册表、系统服务

对本地文件系统中所有现有文件和文件夹、本地系统中现有的注册表项、本地计算机中现有的系统服务配置安全属性。

① 继承：如果不禁止子对象继承，那么该对象的任何子对象将继承父对象的安全性。

② 覆盖：在这种情况下，不管子对象的保护设置如何，父对象的安全性都替代在子对象上设置的任何安全性。

③ 忽略：如果不需要配置或分析此对象或任何子对象的安全性，可以使用此设置。

4．设置本地安全策略

选择"开始"→"运行"命令，在弹出的系统运行文本框中，输入组策略编辑命令"gpedit.msc"或输入本地安全设置编辑命令"secpol.msc"，单击"确定"按钮。

① 在"控制面板"→"管理工具"→"本地安全策略"→"本地策略"→"用户权限指派"中，在"拒绝从网络访问这台计算机"中删除 guest 账户，在"从网络访问这台计算机"中加入 guest 帐户。

② 在"控制面板"→"管理工具"→"本地安全策略"→"本地策略"→"安全选项"中，把"网络访问：本地账户的共享和安全模式"设为"来宾—本地用户以来宾的身份验证"。

③ 如果 guest 不能使用空密码登录，那么在"控制面板"→"管理工具"→"本地安全策略"→"安全选项"中，停用"空密码用户只能进行控制台登录"。

10.7.3 域安全策略

域安全策略是 domain policy 的一部分，domain policy 的作用范围是整个域，因此一台计算机只要处于域模式，就会采用域策略。

site 的策略只在 site 之间有慢速连接的时候才会使用，所以微软没有内置站点策略，需要管理员手工设置。

单击"开始"→"程序"→"管理工具"→"域安全策略"，打开"本地安全设置"窗口。

在"域安全策略"窗口内展开"安全设置"后可以发现，"域安全策略"与"本地安全"有相同的六个项目：账户密码策略、账户锁定策略、账户 Kerberos 策略、本地审核策略、本地用户权限指派、本地安全选项。

在"域安全策略"窗口还增加了一些管理项目，如：事件日志设置、受限的组、系统服务、注册表、文件系统。"事件日志设置"用来设置对日志文件的管理工作，包括：日志保留天数、日志的保留方法、日志最大值、对日志访问的控制等，双击可进行详细设置。

10.7.4 域控制器安全策略

域控制器安全策略仅更改域控制器的本地用户，而域安全策略控制整个域的用户。正如所说的"域控制器安全策略"优先于"域安全策略"，所以同时设置了两个策略时，则域控制器安全策略将优先使用，而域中其他的计算机还将继续使用域安全策略的设置项。

单击"开始"→"程序"→"管理工具"→"域安全策略"，打开"域控制器安全策略"窗口。

在"域控制器安全策略"窗口内展开"安全设置"、"域控制器安全策略"与"域安全策略"的项目基本相同，包括：账户密码策略、账户锁定策略、账户 Kerberos 策略、本地审核策略、本地用户权限指派、本地安全选项、事件日志设置、受限的组、系统服务、注册表、文件系统、公钥系统、IP 安全策略等。

10.7.5 三种安全策略的关系

1．本地安全策略

- 强化单机系统的安全性。
- 域控制器计算机不能设置本地安全策略。
- 只对本机有效。

2．域安全策略

- 强化整域内所有计算机的安全性。

3．域控制器策略

- 强化域内所有域控制器计算机的安全性。
- 只能在域控制器计算机上设置。

当成员计算机和域的设置项冲突时，域安全策略生效；域控制器和域的设置项冲突时，域控制器安全策略生效。

本章小结

本章主要介绍了 Windows 2000 Server 提供的 TCP/IP 服务、WINS 服务、DHCP 服务、虚拟专用网络等服务的相关知识。网络管理员应当了解各服务的用途及设置方法，能根据实际需求进行网络配置与管理操作。

习　题

【操作要求】

1．查看网络标识：查看 Windows 2000 服务器的网络标识。将查看后的对话框拷屏，以文件名 10-1-1.gif 保存到考生文件夹。

2．添加网络服务：在"网络服务"中添加"动态主机配置协议（DHCP）"。将设置后的对话框拷屏，以文件名 10-1-2.gif、10-1-3.gif 保存到考生文件夹。

3. 查看和设置 Microsoft 网络的文件和打印机共享属性：在"本地连接属性"对话框中双击"Microsoft 网络的文件和打印机共享"，选中"最小化使用的内存"。将查看后的对话框拷屏，以文件名 10-1-4.gif 保存到考生文件夹。

4. 添加网络协议：打开"选择网络协议"对话框，安装"AppleTalk Protocol"协议。将查看后的对话框拷屏，以文件名 10-1-5.gif 保存到考生文件夹。

5. 添加网络适配器：启动"硬件向导"添加"Microsoft Loopback Adapter"网络适配器。将选择网卡的对话框拷屏，以文件名 10-1-6.gif 保存到考生文件夹。

6. 查看网络适配器硬件属性：查看网络适配器硬件属性。将查看的对话框拷屏，以文件名 10-1-7.gif 保存到考生文件夹。

7. 设置网络绑定：将"Microsoft 网络的文件和打印机共享"中的协议顺序绑定为 IPX/SPX、NetBEUI、TCP/IP。将查看的对话框拷屏，以文件名 10-1-8.gif 保存到考生文件夹。

8. 设置 TCP/IP 协议属性：查看网卡的 IP 属性及高级属性。将查看的对话框拷屏，以文件名 10-1-9.gif、10-1-10.gif 保存到考生文件夹。

附录 A
习题参考答案

第 1 章　计算机网络基础

一、填空题

1. 共享资源　管理数据
2. 互联　开放　共享
3. ARPANET
4. ARPANET
5. 硬件　软件
6. 几米到几千米
7. 几十 Mbit/s　几百 Mbit/s
8. 局域网　城域网　广域网
9. 广域网
10. 局域网
11. 单服务器形式　主从服务器形式
12. 3
13. 局域网
14. 网络操作系统的性能
15. 文件共享
16. 客户机/服务器方式
17. 服务器
18. 存储数据　资源共享　提供服务
19. 网络体系结构
20. 网络的层次　拓扑结构　各层功能　协议　层次结构
21. 规程
22. 实体
23. 会话层
24. 物理层
25. 传输层
26. 表示层
27. 网际层

28. 网络层　数据链路层　物理层

29. 应用层　表示层　会话层　传输层

30. 应用层

31. 网桥

32. 层次结构

33. 7

34. 拓扑结构　信号传输　宽带作用　复用　接口　位同步

35. 语法　语义　同步

36. 语法

37. 语义

38. 同步

39. ARPANET

40. 会话层　表示层

41. 应用层　传输层　网络层

42. 传输层

43. 网络体系结构

44. TCP

45. IP

46. ICMP

47. 目的地不可到达　回响请求和应答　重定位　超时　路由器通告　路由器请求

48. 该路由器无法将数据包发送到它最终目的地

49. 数据流传送　可靠性　有效流控　全双工操作

50. 使用转发确认号对字节排序

51. 三路握手

52. IP 地址

53. UDP

54. 网络文件系统（NFS）　简单网络管理协议（SNMP）　域名系统（DNS）　用文件传输协议（TFTP）

55. FTP　SNMP　Telnet　X 窗口　NFS　SMTP　DNS

56. 环状　总线型　树状　网状

57. 传输介质

58. 信号传输

59. 总线型

60. 环状

61. 星状

62. 网状

63. 4

64. 0.46

65. 30

66. 星状

67．120

68．96

69．10

70．环状和总线型

71．蜂窝状

72．逻辑拓扑结构

73．总线型

74．星状

75．星状

76．网状

77．树状

78．32

79．4

80．5

81．B 类

82．IP 地址中网络号位长+子网号位长

83．255.255.255.0

84．1

85．2

86．A 类

87．B 类

88．与

89．IP 地址和子网掩码做"与"运算

90．ARP

91．RARP

92．MAC IP

93．端口

二、选择题

1．D　2．C　　3．D　　4．B　　5．A　　6．D　　7．D　　8．B　　9．D　　10．D

11．A　12．D　　13．D　　14．A　　15．D　　16．D　　17．A　　18．B　　19．A　　20．D

21．A

第 2 章　数据通信基础

一、填空题

1．数字信号　模拟信号

2．基带传输　宽带传输

3．基带传输

4．宽带传输

5．数据信息

6．宽带

7．串行

8．先来先用

9．碰撞

10．18%

11．小于 1

12．40

13．3

14．IEEE 802.5

15．曼彻斯特编码

二、选择题

1．C　2．C　　3．D　　4．A　　5．B

第 3 章　局域网基础

一、填空题

1．1 Gbit/s

2．10 Mbit/s

3．拨号连接仿真终端方式

4．服务器

5．客户机/服务器

6．介质访问控制方法

7．操作系统

8．对等方式

9．客户机/服务器方式

10．2.94 Mbit/s

11．DIX1.0

12．ALOHA 系统

13．CSMA/CD

14．总线型，星状

15．10 Mbit/s

16．2 500 m

17．1 024

18．10BASE-T

19．非屏蔽双绞线

20．RJ-45

21．1 518 B

22．64 B

23．100 m

24．4

25．100 m

26．B–ISDN

27．B–ISDN

28．ATM

29．固定的 53 B

30．Modem

31．低速少量的数据传输

32．网卡

33．128 kbit/s

34．2 Mbit/s

35．64 kbit/s

36．ISDN 终端适配器

37．现有电话线路

38．3～5 km

39．640 kbit/s～1 Mbit/s

40．1 Mbit/s～8 Mbit/s

41．数字通信线路

42．2.048 Mbit/s

43．640 kbit/s～1 Mbit/s

44．10 Mbit/s

45．有线电视网

46．10 Mbit/s

47．36 Mbit/s

48．10

49．星状

二、选择题

1．D 2．B   3．C   4．A   5．D   6．D   7．D   8．D   9．D   10．A

11．D 12．D   13．C   14．B   15．C   16．B   17．D   18．A   19．D   20．C

第4章 网络硬件及网络规划设计

一、填空题

1．4 Mbit/s

2．10 Mbit/s～16Mbit/s

3．20 Mbit/s

4．100 Mbit/s

5．3、5

6．RJ–45

7．100 m

8．1 000 m

9．3

10．500 Mbit/s

11．100

12．62.5/125

13．6～8 km

14．RS-232

15．RS-232C

16．16 s

17．线路交换和存储交换

18．数据发送之前，站与站之间是否要建立一跳路径

19．混合网桥

20．本地网桥

21．多端口网桥

22．网络层

23．路由表

24．DCD

25．网络总体设计→网络规划→需求分析

26．先进性

27．中继器

28．网桥

29．路由器

二、选择题

1．D 2．A 3．B 4．D 5．D 6．D 7．D 8．D 9．D 10．D

11．D 12．D 13．C 14．D 15．D 16．A

第5章 网络管理与网络安全

一、填空题

1．处理器管理 存储器管理 设备管理 文件管理 网络通信 网络服务

2．Novell NetWare NUIX Windows NT Server Banyan OS/2 Windows 2000 Server

3．通信原语

4．开放性

5．系统软件

6．连接保密性

7．选择域无连接的完整性服务

8．13

9．性能管理 故障管理 配置管理 计费管理 安全管理

10．性能管理

11．收集统计信息 维护并检查系统状态日志 确定自然和人工状况下系统的性能 改变系统操作模式以进行系统性能管理的操作

12．性能管理

13．维护并检查错误日志　接收错误检测报告并作出响应　跟踪、辨认诊断测试　执行诊断测试　纠正错误

14．故障管理

15．硬件　软件　电缆系统

16．诊断程序　诊断设备　人工查错

17．帧头长度　帧顺序　CRC错　冲突的频度

18．规程分析仪

19．设置开放系统中有关路由操作的参数　对被管理对象或被管理对象组名字的管理初始化或关闭被管对象　根据要求收集系统当前状态的有关信息　获取系统重要变化信息

20．配置管理

21．配置管理

22．计费管理

23．GetRequest

24．trap

25．轮询管理

26．树状

27．变量名　变量的数据　变量的属性　变量的值

28．InformRequest　GetBulkRequest

29．InformRequset

30．GetBulkRequest

31．集中式

32．加密　鉴别

33．DES　MDS

34．被管代理　管理者　管理协议　管理信息库

35．组织功能　功能模型　信息功能

36．事件管理

二、选择题

1．C　2．D　　3．D　　4．D　　5．D　　6．D　　7．D　　8．D　　9．D　　10．D

11．A　12．D　　13．A　　14．A　　15．C　　16．C　　17．D　　18．D

第6章　Windows 2000 Server 的安装和基本管理

一、填空题

1．Windows NT Server

2．Windows NT

3．Windows 2000 Aadvanced Server

4．Windows 2000 Server

5．Windows 2000 Datacenter Server

6．8 GB

7．NTFS　FAT　FAT32

8．NTFS

9．FAT　FAT32

10．系统分区使用 FAT/FAT32，而存放 Windows 2000 资料的分区为 NTFS

11．133 MHz 以上的兼容处理器

12．2 GB

13．128 MB

14．2

15．网域控制器

16．网域控制器　用户服务器

17．用户服务器　独立服务器

18．WINNT

19．BIOS 的版本

20．没有深度限制

21．域

22．内建用户账户　域用户账户　本地用户账户

23．Administrator

24．域用户账户

25．Administrator　Guest

26．域用户账户　本地用户账户

27．Administrator

28．Guest　域用户账户　本地用户账户

29．Administrator　Guest　域用户账户　本地用户账户

30．登录名称　密码

31．本地域组

32．本地组

33．给文件加密的用户

34．所有用户

35．32

36．3

37．关闭

38．打开

39．10

40．31

41．打印机和打印驱动程序都相同

42．99

43．1

44．不具有管理文档的权限

二、选择题

1．D　2．D　　3．D　　4．D　　5．D　　6．A　　7．D　　8．D　　9．D　　10．A

11. B 12. C   13. C   14. D   15. A   16. C   17. D   18. D   19. A   20. B
21. C 22. C   23. A   24. D   25. B   26. C   27. C   28. A   29. B   30. C

第7章　目录服务和用户账户

1．新建用户账户

第1步：单击"开始"→"程序"→"管理工具"，然后单击"Active Directory 用户和计算机"，打开"Active Directory 用户计算机"。

第2步：在控制台树中，双击域结点，展开 Active Directory 域。

第3步：在打开的窗口中，右击"users"，选择"新建"→"用户"命令，打开"新建对象-用户"窗口。

第4步：在打开的对话框中，在"姓"后的文本框中输入"New"；在"名"后的文本框中输入"AdminiUser"；在"英文缩写"后的文本框中输入"-Opr"：在"用户登录名"后的文本框输入"NewAdminiUser"，将该对话框拷屏，拷屏后的图形以 7-1-1.gif 保存在考生文件夹内。

第5步：单击"下一步"按钮，打开密码输入选择对话框，在"密码"后的文本框中输入"NewAdminiUser"；在"确认密码"后的文本框中输入"NewAdminiUser"；单击"用户下次登录时须更改密码"前的复选框，使之成为选中状态。将该对话框拷屏，拷屏后的图形以 7-1-2.gif 保存在考生文件夹内，单击"下一步"按钮，再单击"完成"按钮结束新建用户操作。

2．限制账户属性

第6步：打开 Active Directory 用户计算机。

第7步：在控制台树中，双击域结点，展开 Active Directory 域。

第8步：在打开窗口中，单击"Users"。

第9步：在上述操作后的详细信息右窗格中，右击新创建的用户"NewAdminiUser-Opr"，在快捷菜单中选择"属性"命令，打开属性窗口。

第10步：单击"账户"选项卡，打开"账户"属性窗口。

第11步：单击"登录时间"打开"登录时段"窗口。选中星期日右边的所有方格，选择"拒绝登录"单选按钮。选中星期六右边所有方格，单击"拒绝登录"前的单选按钮，选中星期一到星期五右边 0:00-8:00 的所有方格，单击"拒绝登录"前的单选按钮，选中星期一到星期五右边 20:00-24:00 的所有方格，单击"拒绝登录"前的单选按钮，将该窗口拷屏，拷屏后的图形以 7-1-3.gif 保存在考生文件夹内，然后单击"确定"按钮。

第12步：在属性窗口中，单击"登录到"按钮，打开"登录工作站"窗口。选择"所有计算机"单选按钮。将该窗口拷屏，拷屏后的图形以 7-1-4.gif 保存在考生文件夹内，然后单击"确定"按钮。

第13步：在属性窗口中，选择"永不过期"单选按钮。将该窗口拷屏，拷屏后的图形以 7-1-5.gif 保存在考生文件夹内。

3．指定所属组

第14步：在属性窗口中，单击"成员属于"选项卡，然后单击"添加"按钮。

第15步：在上窗格的组列表中选择"administrators"组，单击"添加"按钮，再单击"确定"按钮。将该窗口拷屏,拷屏后的图形以 7-1-6.gif 保存在考生文件夹内。

4．设定登录环境

第 16 步：在属性窗口中,单击"配置文件"选项卡。

第 17 步：在"配置文件路径"后的文本框中输入 \\WIN2K\netlogon；在"登录脚本"后的文本框中输入"NewAdminiUser.bat"；在"本地路径"后的文本框中输入"d:\users"。将该窗口拷屏,拷屏后的图形以 7-1-7.gif 保存在考生文件夹内。

5．限制拨入权限

第 18 步：在属性窗口中,单击"拨入"选项卡。

第 19 步：选择"允许访问"单选按钮,再选择"不回拨"单选按钮。将该窗口拷屏,拷屏后的图形以 7-1-8.gif 保存在考生文件夹内。

6．设定安全属性

第 20 步：在属性窗口中,单击"确定"按钮,关闭该窗口。

第 21 步：在"Active Directory 用户计算机"中,单击"查看菜单",再选中"高级功能"复选框。

第 22 步：在"Active Directory 用户计算机"的详细信息右窗格中,右击新创建的用户"NewAdminiUser-Opr",在右键快捷菜单中"属性"命令,打开属性窗口。

第 23 步：单击"安全"选项卡,再单击"高级"按钮。

第 24 步：单击"添加",选中"Everyone"后单击"确定"按钮。

第 25 步：单击"读取权限",选中"允许"项目下边的复选框,然后单击"确定"按钮。

第 26 步：将对话框拷屏,拷屏后的图形以 7-1-9.gif 保存在考生文件夹内。

7．新建用户组

第 27 步：在"Active Directory 用户计算机"中,右击"Users",选择"新建",再单击"组",打开"新建对象-组"对话框。

第 28 步：在"组名"下面的文本框中输入"NewGlobleSecuritGroup51"；选择"全局"单选按钮,再选择"安全式"单选按钮。

第 29 步：将对话框拷屏,拷屏后的图形以 7-1-10.gif 保存在考生文件夹内,然后单击"确定"按钮。

8．为用户组添加成员

第 30 步：在"Active Directory 用户计算机"的详细信息右窗格中,右击新创建的组"NewGlobleSecuritGroup51",在快捷菜单中选择"属性"命令,再单击"成员"选项卡,打开属性窗口。

第 31 步：单击"添加"按钮,选择"NewAdminiUser-Opr"用户后单击"添加"按钮,然后再单击"确定"按钮。

第 32 步：将设置后的窗口拷屏,拷屏后的图形以 7-1-11.gif 保存在考生文件夹内。

第 33 步：在打开的窗口中,单击"成员属于"选项卡,再单击"添加"按钮。

第 34 步：选择"users"然后单击"添加"按钮,再单击"确定"按钮。

第 35 步：将窗口拷屏,拷屏后的图形以 7-1-12.gif 保存在考生文件夹内,然后单击"确定"按钮。

第 36 步：单击"Active Directory 用户计算机"右上角的"×"按钮关闭窗口。

9．设置账户原则

第 37 步：单击"开始"→"程序"→"管理工具"→"域安全策略"，打开"域安全策略"窗口。

第 38 步：单击左窗格的"账户策略"前的"+"号，展开此展开项目，再单击"密码策略"，打开密码策略详细资料。

第 39 步：在右窗格中双击"密码必须符合复杂性要求"，然后选择"定义这个策略设置"复选框，再选中"已启用"单选按钮，然后单击"确定"按钮。

第 40 步：在右窗格中双击"密码长度最小值"，然后单击选中"定义这个策略设置"复选框，再在"个字符"前的文本框中输入"6"，然后单击"确定"按钮。

第 41 步：在右窗格中双击"密码最长存留期"，然后选中"定义这个策略设置"复选框，再在"密码作废期"下"天"前的文本框中输入"30"，然后单击"确定"按钮。

第 42 步：在右窗格中双击"密码最短存留期"，然后选中"定义这个策略设置"复选框，再在"可以更改密码"下"天"前的文本框中输入"1"，然后单击"确定"按钮。

第 43 步：在右窗格中双击"强制密码历史"，然后选中"定义这个策略设置"复选框，在"保留密码密码"下"个记住的密码"前的文本框中输入"5"，然后单击"确定"按钮。

第 44 步：在右窗格中双击"为域中所有用户使用可还原的加密来储存密码"，然后选中"定义这个策略设置"复选框，再单击选中"已停用"单选按钮，然后单击"确定"按钮。

第 45 步：将"域安全策略"窗口拷屏，拷屏后的图形以 7-1-13.gif 保存在考生文件夹内。

第 46 步：在"域安全策略"窗口的左窗格中，单击"账户锁定策略"，打开该项目详细资料窗口。

第 47 步：在右窗格中双击"复选账户锁定计数器"，然后选中"定义这个策略设置"复选框，再在"复位账户锁定计数器"下"分钟之后"前的文本框中输入"60"，单击"确定"按钮。

第 48 步：在新打开的窗口中单击"确定"按钮。

第 49 步：将"域安全策略"窗口拷屏，拷屏后的图形以 7-1-14.gif 保存在考生文件夹内。

10．设置用户权限

第 50 步：在"域安全策略"窗口的左窗格中，单击"本地策略"前的"+"号，展开"本地策略"，然后再单击"用户权利指派"，打开该项目详细资料窗口。

第 51 步：在右窗格中双击"备份文件和目录"，然后选中"定义这个策略设置"复选框，再单击"添加"按钮，单击"浏览"按钮，选择"Backup Operators"，然后单击"添加"按钮，然后连续三次单击"确定"按钮。

第 52 步：在右窗格中双击"创建永久共享对象"，然后选中"定义这个策略设置"复选框，再单击"添加"按钮，单击"浏览"按钮，选择"Administrator"，然后单击"添加"，然后单击"添加"按钮，然后连续三次单击"确定"按钮。

第 53 步：在右窗格中双击"从网络访问此计算机"，然后选中"定义这个策略设置"复选框，再单击"添加"按钮，单击"浏览"按钮，选择"Everyone"，然后单击"添加"按钮，然后连续三次单击"确定"按钮。

第 54 步：在右窗格中双击"关闭系统"，然后选中"定义这个策略设置"复选框，再单击"添加"按钮，单击"浏览"按钮，选择"Administrator"，然后单击"添加"按钮，再选择"Server Operators"，单击"添加"按钮然后续三次单击"确定"按钮。

第 55 步：在右窗格中双击"还原文件和目录"，然后选中"定义这个策略设置"复选框，再单击"添加"按钮，单击"浏览"按钮，选择"Administrator"，然后单击"添加"按钮，再选择"Backup Operators"再单击"添加"按钮然后连续三次单击"确定"按钮。

第 56 步：将该窗口拷屏，拷屏后的图形以 7-1-15.gif 保存在考生文件夹内。

11. 设置审核策略

第 57 步：在"域安全策略"窗口的左窗格中，单击"审核策略"打开该项目详细资料窗口。

第 58 步：在右窗格中双击"审核策略更改"，然后选中"定义这个策略设置"复选框，再选中"失败"复选框，然后单击"确定"按钮。

第 59 步：在右窗格中双击"审核登录事件"，然后选中"定义这个策略设置"复选框，再选中"成功"复选框，然后单击选中"失败"复选框，然后单击"确定"按钮。

第 60 步：在右窗格中双击"审核对象访问"，然后单击选中"定义这个策略设置"复选框，单击选中"失败"复选框，然后单击"确定"按钮。

第 61 步：在右窗格中双击"审核过程追踪"，然后选中"定义这个策略设置"复选框，再选中"成功"复选框，然后选中"失败"复选框，最后单击"确定"按钮。

第 62 步：在右窗格中双击"审核目录服务访问"，然后选中"定义这个策略设置"复选框，再选中"成功"复选框，然后选中"失败"复选框，最后单击"确定"按钮。

第 63 步：在右窗格中双击"审核特权服务访问"，然后选中"定义这个策略设置"复选框，再选中"失败"复选框，然后单击"确定"按钮。

第 64 步：在右窗格中双击"审核系统事件"，然后单击选中"定义这个策略设置"复选框，再选中"失败"复选框，然后单击"确定"按钮。

第 65 步：在右窗格中双击"审核账户登录事件"，然后单击选中"定义这个策略设置"复选框，再选中"失败"复选框，然后单击"确定"按钮。

第 66 步：在右窗格中双击"审核账户管理"，然后选中"定义这个策略设置"复选框，再选中"成功"复选框，然后选中"失败"复选框，最后单击"确定"按钮。

第 67 步：将"域安全策略"窗口拷屏，拷屏后的图形以 7-1-16.gif 保存在考生文件夹内。

12. 设置安全选项

第 68 步：在"域安全策略"窗口的左窗格中，单击"审核策略"打开该项目详细资料窗口。

第 69 步：在右窗口中双击"登录时间用完自动注销用户（本地）"，然后选中"定义这个策略设置"复选框，再选中"已启用"单选按钮，然后单击"确定"按钮。

第 70 步：在右窗口中双击"登录屏幕上不要显示上次登录的用户名"，然后选中"定义这个策略设置"复选框，再选中"已启用"单选按钮，然后单击"确定"按钮。

第 71 步：在右窗口中双击"登录时间过期就自动注销用户"，然后单击选中"定义这个策略设置"复选框，再选中"已启用"单选按钮，最后单击"确定"按钮。

第 72 步：将窗口拷屏，拷屏后的图形以 7-1-17.gif 保存在考生文件夹内。

第 73 步：拖动"域安全策略"窗口右边的垂直滚动条至最下端。

第 74 步：在右窗口中双击"允许在未登录前关机"，然后选中"定义这个策略设置"复选框，再单击选中"已启用"单选按钮，然后单击"确定"按钮。

第 75 步：在右窗口中双击 "在密码到期提示用户更改密码"，然后选中 "定义这个策略设置" 复选框，在 "天" 前的文本框中输入 "3"，然后单击 "确定" 按钮。

第 76 步：在右窗口中双击 "只有本地登录的用户才能访问 CD–ROM"，然后选中 "定义这个策略设置" 复选框，再选中 "已启用" 单选按钮，然后单击 "确定" 按钮。

第 77 步：在右窗口中双击 "只有本地登录的用户才能访问软盘"，然后选中 "定义这个策略设置" 复选框，再选中 "已启用" 单选按钮，然后单击 "确定" 按钮。

第 78 步：将 "域安全策略" 窗口拷屏，拷屏后的图形以 7-1-18.gif 保存在考生文件夹内。

第 8 章　DNS 服务器的配置与管理

1．服务器属性

第 1 步：单击 "开始" → "程序" → "管理工具"，然后单击 "Active Directory 用户和计算机"，打开 "Active Directory 用户和计算机"。

第 2 步：右击左窗格中的域名，然后选择 "属性" 命令。

第 3 步：将打开的属性窗口拷屏，拷屏后的图形以 8-1-1.gif 保存在考生文件夹内。

2．查看与服务器连接的用户

第 4 步：单击 "开始" → "程序" → "管理工具"，然后单击 "计算机管理"，打开 "计算机管理" 工具。

第 5 步：单击左窗格中 "共享文件夹" 前的 "+" 号，展开 "共享文件夹"，然后单击 "会话"。

第 6 步：将打开的属性窗口拷屏，拷屏后的图形以 8-1-2.gif 保存在考生文件夹内。

3．查看共享资源

第 7 步：在 "计算机管理" 窗口的左窗格中单击 "共享"，打开 "共享" 详细资料窗口。

第 8 步：将打开的窗口拷屏，拷屏后的图形以 8-1-3.gif 保存在考生文件夹内。

4．查看打开文件

第 9 步：在 "计算机管理" 窗口的左窗格中单击 "打开文件"。

第 10 步：将打开的窗口拷屏，拷屏后的图形以 8-1-4.gif 保存在考生文件夹内。

5．设置服务器警报

第 11 步：在 "计算机管理" 窗口的左窗格中单击 "性能日志和报警" 前的 "+" 号，展开 "性能日志和警报"，然后单击 "警报"。

第 12 步：在右窗格中单右击，然后选择 "新的警报设置"，在 "名称" 下的文本框中输入 "硬盘"，然后单击 "确定" 按钮。

第 13 步：单击 "添加" 按钮，选中 "使用本地计算机计数器" 前的单选按钮，在 "性能对象" 下的选择框中选择 "PhysicalDisk"，再选中 "从列表中选择计数器" 单选按钮，选择 "%Disk Time"，选中 "从列表选择实例"，再选择 "_Total"，最后单击 "添加" 按钮，再单击 "关闭" 按钮。

第 14 步：在 "将触发警报，如果值是" 后边的列表框中选取 "超过"，在 "限制" 后的文本框中输入 "8000"。

第 15 步：将打开的窗口拷屏，拷屏后的图形以 8-1-5.gif 保存在考生文件夹内。

第 16 步：单击窗口的 "操作" 选项卡，打开 "操作" 选项窗口。

第 17 步：选中"发送网络信息到"复选框，在其下的列表框中选取"System Overview"。

第 18 步：将打开的窗口拷屏，拷屏后的图形以 8-1-6.gif 保存在考生文件夹内，然后单击"确定"按钮。

6．新建共享文件夹

第 19 步：在"计算机管理"窗口的"共享"详细资料右窗格中右击，然后选择"新文件夹共享"。

第 20 步：在"要共享的文件夹"后的文本框中输入"D：\Tools"；在"共享名"后的文本框中输入"Tools"；在"共享描述"后的文本框中输入"常用工具集"。

第 21 步：将打开的窗口拷屏，拷屏后的图形以 8-1-7.gif 保存在考生文件夹内。

第 22 步：单击"下一步"按钮。

第 23 步：单击选中"所有用户都有完全控制"单选按钮。

第 24 步：将打开的窗口拷屏，拷屏后的图形以 8-1-8.gif 保存在考生文件夹内，然后单击"确定"按钮。

7．向用户发送消息

第 25 步：在"计算机管理"窗口的"共享"详细资料右窗格中右击，选择"所有任务"→"发送控制台消息"。

第 26 步：在"消息"下的文本框中输入"你好，新世界。"。

第 27 步：单击"添加"按钮，在"收件人"下的文本框中输入"SONGZHIKUN"，单击"确定"按钮。

第 28 步：将打开的窗口拷屏，拷屏后的图形以 8-1-9.gif 保存在考生文件夹内，然后单击"取消"按钮。

8．管理服务

第 29 步：在"计算机管理"窗口的左窗格中单击"服务和应用程序"前的"+"号，展开"服务和应用程序"，然后单击"服务"。

第 30 步：在详细信息右窗格中右击"Alerter"服务，然后选择"属性"，打开"属性"窗口。

第 31 步：单击"启动类型"后的列表框，选择"自动"。

第 32 步：将打开的窗口拷屏，拷屏后的图形以 8-1-10.gif 保存在考生文件夹内。

第 33 步：单击"登录"选项卡。

第 34 步：单击选择"本地系统账户"单选按钮，然后再单击选中"允许服务与桌面交互"复选框。

第 35 步：将打开的窗口拷屏，拷屏后的图形以 8-1-11.gif 保存在考生文件夹内，然后单击"确定"按钮。

第 9 章　Windows 2000 服务器资源

1．设置共享资源属性

第 1 步：右击"我的电脑"，再单击"资源管理器"，打开资源管理器窗口。

第 2 步：在左窗格中单击"D:"前的"+"号，展开 D 驱动器，然后再单击"testuser"文件夹。

第 3 步：在右窗格右击"user07-01"文件夹，再单击"共享"，打开共享属性对话框。

第 4 步：在"共享名"后的文本框中输入"user07-01"；单击选中"最多用户"单选按钮。

第 5 步：将打开的窗口拷屏，拷屏后的图形以 9-1-1.gif 保存在考生文件夹内。

2．设置共享资源权限

第 6 步：在共享属性窗口内，单击"权限"按钮。

第 7 步：单击"添加"按钮，选择"Users"后再单击"添加"按钮，然后单击"确定"按钮，分别单击选中"更改"后"允许"下的复选框、"读取"后的"允许"下的复选框。

第 8 步：将对话框拷屏，拷屏后的图形以 9-2.gif 保存在考生文件夹内，然后单击"确定"按钮。

3．设置本地安全权限

第 9 步：在共享属性窗口内，单击"安全"选项卡。

第 10 步：单击"添加"按钮，选择"Users"后再单击"添加"按钮，然后单击"确定"按钮，分别单击选中"允许"下"读取及运行""列出文件夹目录""读取"复选框。

第 11 步：将对话框拷屏，拷屏后的图形以 9-3.gif 保存在考生文件夹内。

4．设置本地安全高级属性

第 12 步：在安全属性窗口内，单击"高级"按钮，选取"Users"后，单击"查看/编辑"按钮打开窗口。

第 13 步：分别单击选中"允许"下"遍历文件夹/运行文件""列出文件夹/读取权限""读取属性""读取扩展属性""创建文件/写入数据""创建文件夹/附加数据""读取权限"复选框。

第 14 步：将对话框拷屏，拷屏后的图形以 9-1-4.gif 保存在考生文件夹内。

5．设置本地安全审核

第 15 步：单击"确定"按钮，然后单击"审核"选项卡，单击"添加"按钮，选取"Users"后，单击"确定"按钮，打开窗口。

第 16 步：分别单击选中"成功"下的"遍历文件夹/运行文件""列出文件夹/读取权限""创建文件夹/写入数据""创建文件夹/附加数据""读取权限"复选框。

第 17 步：分别单击选中"失败"下的"遍历文件夹/运行文件"、"创建文件夹/附加数据"复选框。将对话框拷屏，拷屏后的图形以 9-1-5.gif 保存在考生文件夹内。

6．创建磁盘分区

第 18 步：单击"开始"→"程序"→"管理工具"，然后单击"计算机管理"，打开"计算机管理"工具。

第 19 步：在左窗格中单击"磁盘管理"打开磁盘管理详细资料。

第 20 步：在右窗格中右击显示为"可用空间"的磁盘分区，选择"创建逻辑驱动器"打开创建磁盘分区向导。

第 21 步：单击"下一步"按钮，选中"逻辑驱动器"单选按钮，再单击"下一步"按钮。

第 22 步：在打开的对话框中，在"要使用的磁盘空间"后，输入"最大磁盘空间"所对应的数值，然后单击"下一步"按钮。

第 23 步：在"指派驱动器号和路径"对话框中，选中"将这个卷装入一个支持驱动器路径的空文件夹中"，再在其后的列表框中输入"D:\testUser\User07-01"。

第 24 步：将"指派驱动器号和路径"窗口拷屏，拷屏后的图形以 9-1-6.gif 保存在考生文件夹内，然后单击"下一步"按钮。

第 25 步：在"格式化分区"窗口中，选中"不要格式化这个磁盘分区"单选按钮。

第 26 步：将窗口拷屏，拷屏后的图形以 9-1-7.gif 保存在考生文件夹内，然后单击"下一步"按钮。

第 27 步：单击"完成"按钮，结束逻辑驱动器的创建。

7．安装和共享打印机

第 28 步：单击"开始"→"设置"，单击"打印机"，打开"打印机"窗口。

第 29 步：双击"添加打印机"图标，启动"添加打印机向导"，单击"下一步"按钮。

第 30 步：选中"本地打印机"单选按钮，取消选中"自动检测并安装我的即插即用打印机"复选框，单击"下一步"按钮。

第 31 步：选中"使用以下端口"单选按钮，选取"LPT1"端口，单击"下一步"按钮。

第 32 步：选择打印机的"制造商"及"打印机"型号，单击"下一步"按钮。

第 33 步：在"打印机名"下的文本框中按要求输入打印机名称，单击"下一步"按钮。

第 34 步：在"打印机共享"窗口中，在"共享为"后的文本框中输入"HPLaser.2"。

第 35 步：将窗口拷屏，拷屏后的图形以 9-1-8.gif 保存在考生文件夹内，然后单击"下一步"按钮。

第 36 步：在"位置和注释"窗口中，在"位置"后的文本框中输入"Servre"：在"注释"后的文本框中输入"ServrePeak"。

第 37 步：将窗口拷屏，拷屏后的图形以 9-1-9.gif 保存在考生文件夹内，然后单击"下一步"按钮。

第 38 步：在"打印测试页"窗口中，选中"否"单选按钮，单击"下一步"按钮。

第 39 步：单击"完成"按钮，结束打印机的安装。

8．磁盘配额管理

第 40 步：右击"我的电脑"，再选择"资源管理器"，打开"资源管理器"窗口。

第 41 步：在左窗格中右击"D:"，再选择"属性"。

第 42 步：单击"配额"选项卡。

第 43 步：选中"启用配额管理""拒绝将磁盘空间给超过配额限制的用户""用户超出配额限制时记录事件"复选框，取消选中"用户超过警告等级时记录事件"复选框。

第 44 步：选中"将磁盘空间限制为"单选按钮，在其后文本框中输入"1"，列表框选择为"MB"。

第 45 步：在"将警告等级设置为"后的文本框中输入"100"，列表框选择为"KB"。

第 46 步：将设置后的窗口拷屏，拷屏后的图形以 9-1-10.gif 保存在考生文件夹内，单击"确定"按钮。

第 10 章　Windows 2000 网络服务功能

1．查看网络标识

第 1 步：右击"我的电脑"，选择"属性"命令。

第 2 步：单击"网络标识"选项卡，然后将打开的窗口拷屏，拷屏后的图形以 10-1-1.gif

保存在考生文件夹内，单击"确定"按钮。

2．添加网络服务

第 3 步：选择"开始"→"设置"，单击"网络和拨号连接"，打开"网络和拨号连接"窗口。

第 4 步：单击"高级"菜单，再单击"可选网络组件"。

第 5 步：选取"网络服务"，将打开的窗口拷屏，拷屏后的图形以 10-1-2.gif 保存在考生文件夹内，单击"下一步"按钮。

第 6 步：选中"动态主机配置协议（DHCP）"复选框，将打开的窗口拷屏，拷屏后的图形以 10-1-3.gif 保存在考生文件夹内，单击"确定"按钮。

3．查看和设置"Microsoft 的文件和打印机共享"属性

第 7 步：选择"开始"→"设置"，单击"网络和拨号连接"，打开"网络和拨号连接"窗口。

第 8 步：右击"本地连接"，选择"属性"命令。

第 9 步：选取"Microsoft 的文件和打印机共享"，单击"属性"按钮。

第 10 步：选中"最小化使用的内存"单选按钮，将打开的窗口拷屏，拷屏后的图形以 10-1-4.gif 保存在考生文件夹内，单击"确定"按钮。

4．添加网络协议

第 11 步：在"本地连接"属性窗口中，单击"安装"按钮。

第 12 步：选择"协议"后再单击"添加"，选取"AppleTalk Protocol"。

第 13 步：将打开的窗口拷屏，拷屏后的图形以 10-1-5.gif 保存在考生文件夹内，单击"确定"按钮。

5．添加网络适配器

第 14 步：在"系统特性"窗口中，单击"硬件"选项卡，然后单击"硬件向导"按钮，单击"下一步"按钮。

第 15 步：选中"添加/删除设备故障"单选按钮，单击"下一步"按钮。

第 16 步：选取"添加新设备"，然后单击"下一步"按钮。

第 17 步：在"硬件选择"窗口中，选中"否，我想从列表选择硬件"单选按钮，单击"下一步"按钮。

第 18 步：在"硬件类型"窗口中，由"硬件类型"文本框选取"网卡"，单击"下一步"按钮。

第 19 步：在"制造商"文本框中选择"Microsoft"，在"网卡"中选择"Microsoft Loopback Adapter"。

第 20 步：将打开的窗口拷屏，拷屏后的图形以 10-1-6.gif 保存在考生文件夹内，单击"下一步"按钮。

第 21 步：单击"下一步"按钮，单击"完成"按钮，结束网卡驱动程序的安装。

6．查看网络适配器硬件属性

第 22 步：在"本地连接"属性窗口中，单击"配置"按钮。

第 23 步：将打开的窗口拷屏，拷屏后的图形以 10-1-7.gif 保存在考生文件夹内，单击"确定"按钮，再单击"确定"结束查看。

7. 设置网络绑定

第 24 步：在"网络与拨号连接"窗口中，单击"高级"菜单，再单击"高级设置"。

第 25 步：选取"Microsoft 的文件和打印机共享"项目下的协议，单击可上调按钮，单击可下调按钮，直至顺序为 IPX/SPX、NetBEUI、TCP/IP。

第 26 步：将调整后的窗口拷屏，拷屏后的图形以 10-1-8.gif 保存在考生文件夹内。

第 27 步：单击"确定"按钮，结束调整。

8. 设置 TCP/IP 协议属性

第 28 步：在"本地连接"属性窗口中，选取"Internet 协议（TCP/IP）"，单击"属性"按钮。

第 29 步：将打开的窗口拷屏，拷屏后的图形以 10-1-9.gif 保存在考生文件夹内，单击"高级"按钮。

第 30 步：将打开的窗口拷屏，拷屏后的图形以 10-1-10.gif 保存在考生文件夹内，单击"确定"按钮，再单击"确定"按钮，完成查看。

附录 B
常见计算机网络英文
缩略语及其中文含义

ADSL：Asymmetric Digital Subscriber Line，非对称数字用户线路。

AES：Audio Engineering Society，声音工程协会。

AM：Amplitude Modulation，调幅。

ANSI：The American National Standards Institute，美国国家标准研究学会。

API：Application Programming Interface，应用程序编程接口。

ARP：Address Resolution Protocol，地址解析协议。

ARQ：Automatic Repeater Quest，自动重发请求。

ASCII：American Standard Code for Information Interchange，美国信息互换标准代码。

ASI：Asynchronous Serial Interface，异步串行接口。

ASK：Amplitude- shift Keying，幅移键控。

ATM：Asynchronous Transfer Mode，异步传输模式。

ATSC：Advanced Television Systems Committee，先进电视系统委员会。

AUI：Attachment Unit Interface，连接单元接口。

BAT：Bouquet Association Table，相关列表。

BB：Base Band，基带。

BER：Bit Error Ratio，误码率。

BGMP：Border Gateway Multicast Protocol，边界网关组播协议。

B-frame：directionally predictive coded frame，双向预知帧，简称 B 帧。

BNC：Bayonet Connector，同轴电缆接插件。

BPSK：Binary Phase Shift Keying，二进制相移键控。

BSS：Broadcast Satellite Service，卫星广播业务。

BW：Bandwidth，频带宽度。

C/N：Carrier-to-noise ratio，载噪比。

CA：Conditional Access，有条件接收。

CAT：Conditional Access Table，条件接收列表。

CATV：Community Antenna TeleVision，有线电视（共天线电视）。

CCIR：International Radio Consultative Committee，国际无线电咨讯委员会。

CCITT：International Telephone and Telegraph Consultative Committee，国际电报电话咨询

委员会。

CDMA：Code Division Multiple Access，码分多址。

CDV：Cell Delay Variation，单元延迟变化。

CPU：Central Processing Unit，中央处理器。

CRC：Cyclic Redundancy Code，循环冗余码校验。

CSA：Common Scrambling Algorithm，通用加扰算法。

CSMA：Carrier Sense Multiple Access，载波侦听多路访问。

CSMA/CD：Carrier Sense Multiple Access with Collision Detection，带冲突检测的载波侦听多路访问。

D/A：Digital-to-Analogue converter，数模转化。

DAB：Digital Audio Broadcasting，数字音频广播。

DBPSK：Differential Binary Phase Shift Keying，二进制微分相移键控。

DCE：Data Communication Equipment，数据通信设备。

DHCP：Dynamic Host Configuration Protocol，动态主机设置协议。

DMA：Direct Memory Access，直接内存访问。

DNS：Domain Name System，域名系统。

DSM-CC：Digital Storage Media Command Control，数字存储媒体指令与控制。

D-SNG：Digital Satellite News Gathering，数字卫星新闻收集。

DSP：Digital Signal Processing，数字信号处理。

DTE：Data Terminal Equipment，数据终端设备。

DTH：Direct To Home，直接到户。

DTVC：Digital TeleVision by Cable，电缆数字电视。

DVB：Digital Video Broadcasting，数字视频广播。

DVB-T：DVB-Terrestrial，地面 DVB 标准。

DVC：Digital Video Cassette，数字录像带。

DVD：Digital Video /Versatile Disk，数字影碟。

D-VHS：Digital – Video Home System，家庭数字视频系统。

EBU：European Broadcasting Union，欧洲广播同盟。

ECM：Entitlement Control Message，授权控制消息。

ECMG：Entitlement Control Message Generator，授权控制消息生成器。

EDTV：Enhanced Definition TeleVision，增强清晰度电视。

EIA：Electronic Industries Association，（美国）电子工业协会。

EPG：Electronic Program Guide，电子节目指南。

ES：Elementary Stream，基本流。

FAT：File Allocation Table，文件分配表。

FCC：Federal Communications Commission，美国通信委员会。

FDDI：Fiber Distributed Data Interface，光纤分布式数据接口。

FDM：Frequency Division Multiplex，频分多路复用。

FDMA：Frequency Division Multiple Access，频分多址。

FEC：Forward Error Correction，前向纠错。

FFT：Fast Fourier Transform，快速傅立叶变换。

FIFO：First In First Out，先进先出。

FIR：Finite Impulse Response，有限脉冲响应。

FM：Frequency Modulation，调频。

FSK：Frequency-shift Keying，移频键控或频移键控。

FSS：Fixed Satellite Service，固定卫星服务。

FTP：File Transfer Protocol，文件传输协议。

GOP：Group of Pictures，图片组。

GPS：Global Position System，全球定位系统。

GSM：Global System for Mobile communication，全球移动通信系统。

HDTV：High Definition TeleVision，高清晰度电视。

HFC：Hybrid Fiber Coax，混合光纤、同轴网。

HP：High Priority bit stream，高优先级比特流。

HTML：HyperText Markup Language，超文本标记语言。

HTTP：Hyper Text Transfer Protocol，超文本传输协议。

ICMP：Internet Control Message Protocol，因特网控制报文协议。

ID：Identifier，标识符。

IEC：International Electro technical Commission，国际电工委员会。

IEEE：Institute of Electrical and Electronics Engineers，电气和电子工程师协会。

IF：Intermediate Frequency，中频。

IFFT：Inverse Fast Fourier Transform，反向快速傅立叶变换。

I-Frame：Intra-coded Frame，I 帧（内部编码帧）。

IGP：Interior Gateway Protocol，内部网关协议。

IOT：The Internet of Things，物联网。

IP：Internet Protocol Internet，协议。

IPS：Internet Protocol Suite，网际协议簇。

IPX：Internet Packet Exchange，互联网数据包交换协议。

IPPV：Impulse Pay Per View，即兴按次付费。

IRD：Integrated Receiver Decoder，综合接收解码器。

ISA：Industry Standard Architecture，工业标准体系结构。

ISDB：Integrated-service Digital Broadcast，综合服务业务数字化广播。

ISDN：Integrated Services Digital Network，综合数字服务网络。

ISO：International Standard Organization，国际标准化组织。

ISP：Internet Service Provider，互联网服务供应商。

ITV：Interactive TV，交互电视。

ITU：International Telecommunications Union，国际电信联盟。

JPEG：Joint Photographic Experts Group，联合图片专家组。

LAN：Local Area Network，局域网。

LCD：Liquid Crystal Displayer，液晶显示屏。

LDTV：Limited Definition Television，低清晰度电视。

LLC：Logical Link Control，逻辑链路控制。

LMDS：Local Multipoint Distribution System，本地多点分布系统。

MAC：Media Access Control，媒体访问控制。

MAN：Metropolitan Area Network，城域网。

MAU：Multistation Access Unit，多站访问部件。

MAU：Media Attachment Unit，介质连接单元。

MIB：Management Information Base，信息管理库。

MFN：Multiple Frequency Network，多频网络。

MMDS：Microwave Multipoint Distribution System，微波多路分配系统。

MMI：Man Machine Interface，人–机界面。

MPE：Multiple Protocol Encapsulation，多协议封装。

MPEG：Moving Pictures Experts Group，运动图像专家组。

MPI：MPEG Physical Interface MPEG，物理接口。

MPTS：Multiple Programs Transport Stream，多节目码流。

MUX：Multiplexer，复用器。

NAC：Network Adapter Card，网络适配卡。

NAP：Network Access Point，网络交换中心。

NAT：Network Address Translation，网络地址转换。

NFC：Near Field Communication，近距离无线通信。

NIC：Network Interface Card，网络接口卡。

NII：National Information Infrastructure，国家信息基础设施。

NIT：Network Information Table，网络信息表。

NOS：Network Operating System，网络操作系统。

NRZ：Non–Return to Zero，不归零编码。

NTFS：Windows NT File System Windows NT，环境的文件系统。

NTSC：National Television Systems Committee，全国电视系统委员会制式。

NVOD：Near Video On Demand，准视频点播。

OAM：Operation Administration and Maintenance，操作维护管理。

OFDM：Orthogonal Frequency Division Multiplexing，正交变频分多路技术。

OSI：Open System Interconnection，开放系统互连。

OSI/RM：Open System Interconnection/Reference Model，开放系统互连参考模型。

OSPF：Open Shortest Path First，开放式最短路径优先协议。

PAL：Phase Alternating Line，逐行倒相制。

PAT：Program Association Table，节目相关表。

PCI：Peripheral Component Interconnect，外部设备互连总线。

PCM：Pulse Code Modulation，脉冲编码调制。

PCR：Program Clock Reference，节目时钟参考。

PDG：Private Data Generator，专用数据发生器。

PDH：Pseudo synchronous Digital Hierarchy，准同步数字下列。

PDU：Protocol Data Unit，协议数据单元。

PES：Packet Elementary Stream，包基本流。

P-frame：Previous Frame，预知帧。

PID：Packet Identifier，数据包标识。

PM：Phase Modulation，相位调制。

PMT：Program Map Table，节目映射表。

PPP：Point-to-Point Protocol，点对点协议。

PPV：Pay Per View，节目按次付费。

PSI：Program Specific Information，节目详细信息。

PSK：Phase Shift Keying，相移键控法。

PSTN：Public Switched Telephone Network，公共开关电话网络。

QAM：Quadrature Amplitude Modulation，正交振幅调制方式。

QoS：Quality of Service，服务质量。

QPSK：Quaternary Phase Shift Keying，正交（四相）相移键控调制。

RARP：Reverse Address Resolution Protocol，逆地址解析协议。

RIP：Routing information Protocol，路由信息协议。

RF：Radio Frequency，射频。

RON：Resilient Overlay Networks，弹性覆盖网络。

RS：Reed-Solomon，纠错码。

RTP：Real-time Transport Protocol，实时传输协议。

SAP：Service Access Point，服务访问点。

SAS：Subscriber Authorization System，订户授权系统。

SCR：DVB compliant Scrambler，加扰器。

SCSI：Small Computer System Interface，小型计算机系统接口。

SCTP：Stream Control Transmission Protocol，流量控制传输协议。

SDH：Synchronous Digital Hierarchy，同步数字系列。

SDI：serial digital interface，数字视频接口。

SDK：Software Development Kit，软件开发工具包。

SDT：Service Description Table，服务描述表。

SDU：Service Data Unit，服务数据单元。

SDTV：Standard Definition TeleVision，标准清晰度电视。

SFDMA：Synchronous Frequency Division Multiple Access，同步频分多址。

SI：Service Information，服务信息。

SIG：Service Information Generator，服务信息发生器。

SIS：Systems for Interactive Services，交互服务系统。

SIT：Selection Information Table，选择信息表。

SMATV：Satellite Master Antenna TeleVision，卫星共用天线电视。

SMI：Storage Media Interoperability，存储多媒体互操作性。

SMS：Subscriber Management System，订户管理系统。

SMTP：Simple Mail Transfer Protocol，简单邮件传输协议。

SN：Sequence Number，序列号。

S/N，SNR：Signal-to-Noise Ratio，信噪比。

SNMP：Simple Network Management Protocol，简单网络管理协议。

SPI：Synchronous Parallel Interface，同步并行接口。

SPTS：Single Program Transport Stream，单节目码流。

SPX：Sequenced Packet Exchange，序列分组交换协议。

SSH：Secure Shell，远程登录协议。

SSL：Secure Socket Layer，安全套接层。

STB：Set Top Box，机顶盒。

STD：System Target Decoder，系统目标解码器。

STDM：Statistical Time Division Multiplexing，异步时分多路复用。

STM：Synchronous Transport Module，同步传输模式。

STP：Shielded Twisted-pair，屏蔽双绞线。

TCM：Tandem Connection Monitoring，前后连接监控。

TCP：Transport Control Protocol，传输控制协议。

TDM：Time Division Multiplex，时分复用。

TDMA：Time Division Multiple Access，时分多址。

TDT：Time and Date Table，时间日期表。

TIA：Telecom Industries Association，（美国）电信工业协会。

TLS：Transport Layer Security，传输层安全协议。

TS：Transport Stream，传输流。

TSDT：Transport Stream Description Table，传输流描述表。

T-STD：Transport Stream System Target Decoder，传输流系统目标解码器。

TV：TeleVision，电视。

TVCT：Terrestrial Virtual Channel Table，地面传输虚拟频道列表。

UDP：User Datagram Protocol，用户数据报协议。

URL：Uniform Resource Locator，统一资源定位器。

UTP：Unshielded Twisted-pair，无屏蔽双绞线。

VBI：Vertical Blanking Interval，图文电视（垂直消隐期）。

VBR：Variable Bit Rate，可变比特率。

VC：Virtual Channel，虚拟频道。

VCR：Video Cassette Recorder，录像机。

VHS：Video Home System，家用录像系统。

VOD：Video On Demand，视频点播。

VPN：Virtual Private Network，虚拟专用网络。

VSB：Vestigial Sideband Modulation，残留边带调制。

WAN：Wide Area Network，广域网。

WDM：Wavelength Frequency Division Multiplexing，波分复用。

WSS：Wide Screen Signaling，宽银幕信号传输。

WST：World System Teledex，世界文字电视广播系统。

WWW：World Wide Web，万维网。

附录 C
网络管理相关法律法规

① 1990年9月7月通过了《中华人民共和国著作权法》。根据2001年10月27日第九届全国人民代表大会常务委员会第二十四次会议《关于修改〈中华人民共和国著作权法〉的决定》第一次修订。根据2010年2月26日第十一届全国人民代表大会常务委员会第十三次会议《关于修改〈中华人民共和国著作权法〉的决定》第二次修订。

② 1994年2月18日中华人民共和国国务院令第147号发布《中华人民共和国计算机信息系统安全保护条例》，自发布之日起施行，并根据2011年1月8日《国务院关于废止和修改部分行政法规的决定》修订。

③ 1996年2月1日中华人民共和国国务院令第195号发布实施《中华人民共和国计算机信息网络国际联网管理暂行规定》，自发布之日起施行，并根据1997年5月20日《国务院关于修改〈中华人民共和国计算机信息网络国际联网管理暂行规定〉的决定》修订。

④ 1997年12月16日公安部令（第33号）发布了《计算机信息网络国际联网安全保护管理办法》，于1997年12月30日实施，并根据2011年1月8日《国务院关于废止和修改部分行政法规的决定》修订。

⑤ 2000年9月20日国务院第31次常务会议通过《互联网信息服务管理办法》，自公布之日起实施，并于2011年1月8日进行了修订。

⑥ 2000年12月28号，第九届全国人民代表大会常务委员会第十九次会议通过了《维护互联网安全的决定》，它是我国第一部经全国人民代表大会常务委员会审议通过的有关网络安全的法律性文件，文件中规定了若干应按照《刑法》予以惩处的行为。根据2011年1月8日《国务院关于废止和修改部分行政法规的决定》修订。

⑦ 2001年12月20日中华人民共和国国务院令第339号公布了《计算机软件保护条例》，自2002年1月1日起施行，并分别于2011年1月8日，2013年1月30日进行了修订。

⑧ 2005年9月25日国务院新闻办公室、信息产业部联合发布了《互联网新闻信息服务管理规定》。

⑨ 2016年11月7日第十二届全国人民代表大会常务委员会第二十四次会议通过《中华人民共和国网络安全法》，自2017年6月1日起施行。

参考文献

CANKAO WENXIAN

[1] 黄宇宪. Windows Server 2008 网络操作系统[M]. 北京：科学出版社，2011.

[2] 全国计算机信息高新技术考试教材编写委员会. 局域网管理（Windows 平台）Windows 2000 职业技能培训教程（网络管理员级）[M]. 北京：北京希望电子出版社，2015.

[3] 国家职业技能鉴定专家委员会计算机专业委员会. 局域网管理（Windows 平台）Windows 2000 试题汇编：2011 版（网络管理员级）[M]. 北京：科学出版社，2011.

[4] 全国计算机职业技能教材编写委员会. 计算机网络管理员国家职业资格考试培训教程（中级）[M]. 北京：中央广播电视大学出版社，2013.

[5] 武奇生. 网络与 TCP/IP 协议[M]. 西安：西安电子科技大学出版社，2010.

[6] 刘磊安. 计算机网络[M]. 北京：中国铁道出版社，2016.

[7] 石淑华. 计算机网络安全基础[M]. 北京：人民邮电出版社，2005.

[8] 戴微微. 网络基础与局域网组建[M]. 北京：中国铁道出版社，2014.

[9] 严耀伟，王方. 计算机网络技术及应用[M]. 北京：人民邮电出版社，2009.

[10] 张基温，张展赫. 计算机网络技术与应用教程[M]. 2 版. 北京：人民邮电出版社，2016.

[11] 蔡翠平. 计算机网络应用基础[M]. 北京：清华大学出版社，2000.

[12] 刘永华. 网络信息安全技术[M]. 北京：中国铁道出版社，2011.